DUDEN
Wie verfaßt man
wissenschaftliche Arbeiten?

Die Duden-Taschenbücher —
praxisnahe Helfer zu vielen Themen

DUDEN
Wie verfaßt man wissenschaftliche Arbeiten?

Systematische Materialsammlung –
Bücherbenutzung –
Manuskriptgestaltung

von Klaus Poenicke
und Ilse Wodke-Repplinger

Bibliographisches Institut Mannheim/Wien/Zürich
Dudenverlag

Dr. Klaus Poenicke ist Professor für Amerikanische
Literaturgeschichte an der Universität München, Ilse Wodke-
Repplinger, M. A. ist stellvertretende Bibliotheksleiterin
des John F. Kennedy-Instituts, FU Berlin.

CIP-Kurztitelaufnahme der Deutschen Bibliothek

Poenicke, Klaus
Duden „Wie verfaßt man wissenschaftliche Arbeiten?":
systemat. Materialsammlung, Bücherbenutzung,
Manuskriptgestaltung / von Klaus Poenicke u. Ilse
Wodke-Repplinger. – Mannheim, Wien, Zürich:
Bibliographisches Institut. 1977.
   (Duden-Taschenbücher; Bd. 21)
   ISBN 3-411-01339-7

NE: Wodke-Repplinger, Ilse:

© Bibliographisches Institut AG, Mannheim 1977
Satz: Bibliographisches Institut AG
und Zechnersche Buchdruckerei, Speyer
(Mono-Photo-System 600)
Druck: Zechnersche Buchdruckerei, Speyer
Bindearbeit: Pilger-Druckerei GmbH, Speyer
Printed in Germany
ISBN 3-411-01339-7

VORWORT

Die Studiensituation an den deutschen Hochschulen verschärft sich seit Jahren. Dies trägt zwangsläufig vermehrten Streß auch in die Ausbildung an den Gymnasien hinein. Die wachsende Welle der Studienwilligen, der Rigorismus der neuen Regelstudienzeiten, die nicht hinreichende staatliche Förderung fallen zusammen mit einem in allen Wissenschaftsbereichen rapide anschwellenden Überangebot an Information. So vergrößern sich noch die Risiken, die sich schon bisher in einer unangemessen hohen Mißerfolgsquote niederschlugen. Überdehnte Studienzeiten, über Jahre verschleppte Prüfungs- und Forschungsarbeiten, vorzeitige Studienabbrüche sind nur einige der Symptome.

Die Ursachen dieser hohen Mißerfolgsquote sind komplex. Offensichtlich aber ist studentisches Versagen in einer großen Zahl von Fällen weniger auf mangelnde fachliche Eignung zurückzuführen als auf unzulängliche, zu zeit- (und damit auch kosten-) aufwendige Arbeitsstrategien. Gebraucht wird offenbar nicht zuletzt eine gründlichere Einübung in wissenschaftliches Arbeiten. Sie kann naturgemäß im Wesentlichen nur fachspezifisch geleistet werden. Und doch gelten für alle Disziplinen eine Reihe von elementaren methodischen und formalen Verfahrensweisen, deren frühzeitige Einübung die Arbeitseffizienz schon von der Oberstufe der Gymnasien an entscheidend verbessern kann.

Der vorliegende Text will eine solche Einübung erleichtern. Er setzt allerdings die Bereitschaft des Benutzers voraus, sich ein gewisses Maß an sinnvoller Standardisierung von Arbeitstechniken anzueignen. Die Anleitung umfaßt sechs Arbeitsschritte. Der erste erörtert vor allem Studienstrategien, Verfahren der Literatursuche, Techniken des Hörens, Lesens und Exzerpierens, Aufbaukriterien für fach- und projektorientierte Materialsammlungen. Der zweite Arbeitsschritt durchmißt den Fragenbereich von Projektplanung und -durchführung. Er skizziert des weiteren Funktion und Form der wichtigsten Arten wissenschaftlicher Texte von der Seminar- und Prüfungsarbeit über Dissertation, Habilitation, Monographie und Zeitschriftenaufsatz bis hin zu Randformen wie Miszellen und Literaturbericht. Am Ende steht eine Funktionsbeschreibung der wesentlichen Textteile. Weitere Arbeitsschritte widmen sich der praktischen Erstellung wissenschaftlicher Manuskripte einschließlich der gelegentlich verzwickten Problematik von Zitat, Quellenbeleg und Quellenverzeichnis. Ein letzter Arbeitsschritt führt zu Fragen der Drucklegung und Veröffentlichung eines Manuskripts, darunter Verlagsvertrag, Urheberrecht, Korrekturlesen, Registermachen. Ein Literaturverzeichnis nennt weiterführende Arbeiten, denen diese Anleitung in vielfacher Weise verpflichtet ist. Ein ausführliches Sachregister am Schluß führt zu Detailfragen.

Inhaltlich stellt der vorliegende Text eine grundlegend überarbeitete und stark erweiterte Neufassung der von Prof. Dr. Klaus Poenicke verfaßten Anleitung *Das wissenschaftliche Manuskript: Materialsammlung und Gestaltung von Manuskripten für Universität und Verlag*, dritte Auflage (Berlin, München, Zürich: Langenscheidt-Verlag, 1966) dar. Als Mitarbeiterin für die Neufassung – insbesondere für alle den bibliothekarisch-bibliographischen Bereich berührenden Abschnitte – wurde Ilse Wodke-Repplinger, M. A., stellvertretende Bibliotheksleiterin des J. F. Kennedy-Instituts, FU Berlin, gewonnen. Bibliotheksassessor Horst Wodke, M. A., stellvertretender Bibliotheksleiter des Osteuropa-Instituts an der FU Berlin, wirkte mit kritischer Sachkunde an der Gestaltung des Textes mit.

Für die Form der Quellenangabe wurde im Interesse einer weiteren internationalen Standardisierung auch in der Neufassung das von William Riley Parker zusammengestellte *MLA Style Sheet*, 2nd ed. (New York: Modern Language Assoc. of America, 1970) zugrundegelegt. Es ist das maßgebliche Verfahren bei Quellenangaben in der englischsprachigen wissenschaftlichen Literatur geworden und angesichts der weiten Verbreitung dieser Literatur den meisten europäischen Wissenschaftlern ohnehin vertraut. Eine gleichermaßen anerkannte Empfehlung für den deutschen Sprachraum besteht nicht, so daß die in deutschen wissenschaftlichen Bibliotheken bislang maßgeblichen *Preußischen Instruktionen*[1] einen begrenzten Einfluß auf die Gestaltung wissenschaftlicher Manuskripte erlangt ha-

---

[1] *Instruktionen für die alphabetischen Kataloge der preußischen Bibliotheken vom 10. Mai 1899*, 2. Ausg. i. d. Fassung vom 10. Aug. 1908. Zuletzt als unveränderter Nachdruck u. d. T. *Regeln für die alphabetische Katalogisierung in wissenschaftlichen Bibliotheken*, 5., durchges., photomechan. Nachdr. (Leipzig: VEB Bibliogr. Inst., 1970), X, 179 S.

ben. Diese Regeln werden derzeit zugunsten einer Angleichung an internationale Regeln aufgegeben;[1] der Blick richtet sich auch hier vor allem auf anglo-amerikanische Verfahrensweisen.

Die in der Anleitung angeführten Beispiele für Quellenangaben usw. entstammen grundsätzlich der Praxis, sind jedoch im Interesse der Anschaulichkeit gelegentlich leicht gekürzt oder abgewandelt worden.

Klaus Poenicke   Ilse Wodke-Repplinger

München und Berlin, 1. März 1977

---

[1] Verein Deutscher Bibliothekare. Kommission für die alphabetische Katalogisierung, *Regeln für die alphabetische Katalogisierung*, Vorabdruck (München, 1973) [RAK]. Die Diskussion über diese neuen Regeln und die *Kurzfassung der Regeln für die alphabetische Katalogisierung (KRAK)*, Vorabdruck (Berlin: Weinert, 1976), 73 S. hält noch an.

INHALTSVERZEICHNIS

1 ERSTER ARBEITSSCHRITT:

DAS SAMMELN UND ORDNEN
VON WISSENSCHAFTLICHEM MATERIAL

1.1 Das Material wissenschaftlicher Arbeit

Grundproblem: Informationsbeschaffung

Die Masse des wissenschaftlichen ,Materials', d. h. streng genommen alles dessen, was zum Gegenstand kritischer Beobachtung, Messung, Auswertung und Deutung werden kann, nimmt heute in allen Wissenschaftsbereichen mit wachsender Beschleunigung zu. Dieser offenkundige Sachverhalt drängt den wissenschaftlich Arbeitenden zunehmend in die Situation des Zauberlehrlings hinein. Wissenschaftliche Information kommt in so erdrückender Fülle auf den Markt, daß der einstmals positive, aufklärerische Anspruch wissenschaftlichen Erkenntnisgewinns sich in sein Gegenteil zu wenden droht. Zugleich sind traditionelle Zielvorstellungen von der ,Beherrschung' der Materie auch nur eines einzigen Faches anachronistisch geworden.

Eine Zeitlang schien sich – bis in die Unterrichtspraxis unserer Schulen hinein – der Rückzug auf das ,Exemplarische', d. h. die Verminderung der Stoffülle durch strenge Beschränkung auf das mutmaßlich Beispielhafte ebenso wie auf rigoros vereinfachte Modelle von komplexen Beziehungen, Prozessen, Steuerungsvorgängen als rettende Formel anzubieten. Man übersah dabei, daß dieses Verfahren den Zwängen einer simplen Umkehrgleichung unterliegt: Je allgemeingültiger, je ,griffiger' das Modell, desto problematischer sein Anspruch auf Erfassung eines tatsächlichen, individuellen Situationszusammenhanges, der letztlich immer unter dem Gesetz einer eigenen, schwierigen, unverwechselbaren Beziehung zu einer unendlich vielfältigen Erfahrungswirklichkeit steht.

Geheimrezepte gegen dieses Dilemma – das ist vorab festzuhalten – gibt es nicht. Wir müssen offensichtlich mit einem wissenschaftlichen Selbstverständnis leben lernen, das zwischen dem uneingestandenen Dilettantismus der ,Gesamtschau' und der scharfen, doch radikal verengten Perspektive des Hochspezialisierten einen stets unbefriedigenden Kompromiß eingeht. Je deutlicher uns aber angesichts des frustrierenden Überangebots an Information die Grenzen der eigenen Verständnis-, Lern- und Leistungsfähigkeit werden, desto wichtiger wird es, die eigenen Kräfte so wirkungsvoll wie möglich einzusetzen.

Ein wichtiger Schritt in diese Richtung ist die möglichst frühzeitige Entwicklung eines eigenen, auf die Erfordernisse des gewählten Arbeitsgebietes ebenso wie auf das persönliche Erkenntnisinteresse abgestimmten Systems der Informationsordnung und -speicherung. Gewiß werden dem angehenden Wissenschaftler, der auf das ,Eigentliche' seines gewählten Arbeitsgebietes eingeschworen ist, bei einer genaueren Darstellung möglicher Ordnungs- und Ablageverfahren manche Einzelheiten recht kleinkariert vorkommen. In der wissenschaftlichen und beruflichen Praxis wird ihm freilich die Erkenntnis nicht erspart bleiben, daß eine klar durchdachte, auch für spätere Problemstellungen offene Strategie der eigenen Informationsverarbeitung, -ordnung und -speicherung heute zu den elementaren Voraussetzungen wissenschaftlichen Überlebens gehört.

Sinn einer zweckmäßig aufgebauten Materialsammlung ist es, diese Materialien auf optimale Weise abrufbar zu halten für ihre Aufbereitung, Entwicklung, Verwertung im Zuge eigener wissenschaftlicher Überlegungen und Projekte. Aber auch die Entwicklung solcher Projekte, angefangen von den ersten selbständigen Arbeiten in der reformierten Oberstufe (Kollegstufe) des Gymnasiums oder während des Grundstudiums, ist ein komplexer Prozeß. Er erfordert neben Sachverständnis und schöpferischer Phantasie ein erhebliches Maß an Kenntnissen arbeitstechnischer Verfahren. Darum kann das frühzeitige Einüben der wichtigsten praktischen Arbeitsschritte beim Erstellen eines wissenschaftlichen Manuskripts erheblich Arbeitszeit, -kraft (und oft auch Kosten) einsparen helfen, was dann den eigentlichen Inhalten des gewählten Arbeitsgebietes wieder zugute kommt.

Am Anfang jedoch muß das Einüben und fortlaufende Praktizieren einer Dokumentation zur eigenen wissenschaftlichen Arbeit stehen. Hierzu gehören kontinuierliche, wenigstens stichworthafte Aufzeichnungen über alle eigenen Überlegungen, Messungen, Beobachtungen. Hierzu gehört auch das ständige Streben nach Reduktion komplexer Sachverhalte auf überschaubare, einprägsame Zusammenfassungen, Definitionen, Merksätze, Tabellen, Diagramme. Hierzu gehören weiterhin fortgesetzte schriftliche Aufarbeitungen von Vorlesungen, Vorträgen, Seminaren, Ton- und Bilddarstellungen sowie

Skriptmaterialien. Hierzu gehört nicht zuletzt das kritische Exzerpieren und Kommentieren der während der Beschäftigung mit dem gewählten Arbeitsfeld zu bewältigenden Fachliteratur.

Vorlesungen, Vorträge: Vom richtigen ‚Hören'

Schon an der Kollegstufe, spätestens aber während des Grundstudiums muß der wissenschaftlich Arbeitende lernen, den relativen Wert des ihm während des Unterrichts, im Seminar oder in der Vorlesung angebotenen Materials für sein eigenes Informationsbedürfnis sowohl hinsichtlich kommender Prüfungen wie auch eigener Forschungsprojekte abzuschätzen. Er muß sich vor allem darin schulen, Darstellungen, deren Hauptwert in der Erläuterung einer wissenschaftlichen Verfahrensweise, im spezifischen Aufbau einer Problemlösung, in der besonderen Anordnung eines Versuchs liegt – bei denen also das Mitvollziehen der Methode wichtiger ist als die Belastung mit dem stofflichen Detail –, von solchen Darstellungen zu unterscheiden, in denen das Stofflich-Faktische das eigentlich Wissens- und Aufzeichnenswerte darstellt. Nur so lassen sich Maßstäbe für den jeweils angemessenen Umfang der eigenen Aufzeichnungen finden. Zunächst irrt man hier häufiger in der Richtung des Zuviel als des Zuwenig, beispielsweise im zeitraubenden und weitgehend mechanischen Mitschreiben von Vorlesungen. Extensives Mitschreiben behindert das vom Hörer eigentlich zu leistende Mitdenken. Zugleich wird die für eine künftige Nutzung der Notizen bedeutsame Auswahl, Akzentsetzung, Zuordnung zu größeren Zusammenhängen auf ein – meist hypothetisches – Später verschoben.

Fachliteratur: Vom richtigen Lesen

Es dürfte schwer sein, heute noch ein Arbeitsgebiet zu finden, in dem die Fülle der Fachliteratur (Handbücher, Monographien, Zeitschriftenaufsätze, Dokumentationen, Bibliographien u. ä.) nicht die Aufnahmefähigkeit des einzelnen weit übersteigt. Deshalb fällt dem möglichst frühzeitigen Training des richtigen Lesens eine wesentliche Bedeutung zu.

Ehe man jedoch überhaupt mit der Lektüre beginnt, sollte man versuchen, der Textauswahl eine möglichst klare Eingrenzung des eigenen Erkenntniszieles vorzuschalten. Erst danach folgt ein erstes Sichten jener Dokumente, die – etwa vom Titel her – Informationen und Denkanstöße zum gewählten Thema anzubieten scheinen. Hat man diese Texte in den Händen (zu ihrem Auffinden siehe S. 44–74),

17

so erleichtert das Durchsehen von Inhaltsverzeichnissen, Einleitung, Zusammenfassungen, das Blättern im Namen- und Sachverzeichnis und schließlich das Anlesen ergiebig erscheinender Textabschnitte die Entscheidung darüber, welche Texte genauere Durchsicht lohnen. Ist die erste Textsichtung vollzogen, so wird man sich in wenigstens zwei weiteren Gangarten des Lesens (und zugleich auch des Exzerpierens und gedanklichen Aufarbeitens) üben müssen: im kursorischen und intensiven Lesen.[1]

Kursorisch (oder noch rapider, streckenweise nur durchblätternd ,diagonal') liest man, um sich rasch einen Gesamtüberblick anzueignen und Schlüsselstellen, wichtige Definitionen und prägnante Anwendungsbeispiele ausfindig zu machen. Diesen Passagen widmet man dann intensiveres Lesen und zugleich gründlicheres schriftliches Aufarbeiten. Oskar Peter Spandl, der die möglichen Gangarten wissenschaftlichen Lesens noch stärker differenziert, empfiehlt ein Konditionieren des Auges auf ,Signalwörter', d. h. auf bestimmte, durch ihre Gewichtung im Textzusammenhang oder durch das besondere Erkenntnisinteresse des Lesenden hervorgehobene Schlüsselbegriffe, mit deren optischem Auffinden sich auch relevante Sinnzusammenhänge im Text rascher erschließen lassen.[2]

Zu erwähnen sind des weiteren die verschiedenen, vor allem in den Vereinigten Staaten entwickelten und in zahlreichen Darstellungen genauer beschriebenen Schnell-Lesemethoden.[3] Sie zielen darauf ab, das rasche optische Erfassen ausgedehnter Textpassagen (etwa im Verfolgen einer imaginären vertikalen Schnittlinie durch den Text) zu schulen. In ihren anspruchsvolleren Versionen erstreben sie auch eine stark beschleunigte Erfassung größerer gedanklicher Zusammenhänge.

---

[1] Rolf Breuer und Rainer Schöwerling unterscheiden besonders für die philologische Arbeit scharf zwischen ,extensivem' und ,intensivem' Lesen. Siehe *Studium der Anglistik: Techniken und Inhalte* (München: Beck, 1974), S. 33–36.

[2] *Die Organisation der wissenschaftlichen Arbeit: Studienbuch für Studenten aller Fachrichtungen ab 1. Semester* (Reinbek: Rowohlt, 1974), S. 22.

[3] Eine kursähnliche Leseschulung bietet Ernst Ott, *Optimales Lesen: Schneller lesen – mehr behalten* (Stuttgart: Deutsche Verlagsanstalt, 1970); zu den besonders preisgünstigen Anleitungen gehört Wolfgang Zielke, *Besser, schneller, rationeller lesen: Techniken des effektiven Lesens* (München: Moderne Industrie, 1973), sowie Tom Werneck und Frank Ullmann, *Dynamisches Lesen*, 5. Aufl. (München: Heyne, 1974).

Eigene Aufzeichnungen: Vom richtigen Mitschreiben

Für das Exzerpieren und Erarbeiten der Fachliteratur gilt das gleiche wie für die Aufzeichnungen zu Vorlesungen oder anderen Lehrveranstaltungen: Das extensive, weitgehend mechanische Abschreiben des Gelesenen bringt ebenso wenig wie das automatische Mitschreiben des Gehörten. Vielmehr bedarf es von Anfang an einer rigorosen Auswahl dessen, was methodisch oder sachlich-inhaltlich das schriftliche Festhalten lohnt. Hand in Hand mit dem wörtlichen oder zusammenfassenden Exzerpieren solcher Passagen gehen erste Ansätze zur eigenen Auswertung, zum kritischen Kommentar oder zur größeren sachlichen Zuordnung.

Entgeht man der Gefahr eines zu extensiven und mechanischen Exzerpierens, so bleibt die einer anderen Form unzureichender Aufarbeitung des Gelesenen bestehen. Es handelt sich dabei um jenes ,wissenschaftliche' Schnellverfahren, bei dem aus dem komplexen Argumentationsgefüge einer Quelle hastig einige Einzelpassagen herausgezogen und in Form dubioser Zitatpröbchen der eigenen Fragestellung zugeordnet werden. Diese Taktik des Zitierens führt meist zu einer erheblichen Verkürzung der ursprünglichen Argumentation. Sie täuscht darüber hinaus auch eine umfassendere Literaturerarbeitung vor, als tatsächlich geleistet worden ist.

Mit dem Sammeln, Ordnen, Beschriften und Ablegen wissenschaftlicher Aufzeichnungen befassen sich eingehender S. 21–44, mit dem Auffinden von Materialien in Bibliographien und Bibliotheken S. 44–74. Hier geht es zunächst um die Erarbeitung solcher Aufzeichnungen selbst – eine Frage, zu der sich in der Literatur zu wissenschaftlichen Arbeitstechniken – angefangen mit den inzwischen etwas betagten Darlegungen von Johannes Heyde[1] – mittlerweile zahlreiche Anregungen finden.

Ein anspruchsvolles und doch im Ganzen praxisnahes Verfahren haben in einem Modellversuch Martin Greschat und andere erarbeitet.[2] Die Verfasser gehen von drei Grundschritten der Informationsaufnahme und -verarbeitung aus: Rezeption, Exzerpieren mit beglei-

---

[1] Siehe besonders den Abschnitt „Stoffbewältigung" in Johannes Erich Heyde, *Technik des wissenschaftlichen Arbeitens*, 10., durchges. Aufl. (Berlin: Kiepert, 1970), S. 74–81.

[2] *Studium und wissenschaftliches Arbeiten: Eine Anleitung*, von Martin Greschat, Klaus Haendler, Claus Rietzschel [u. a.], 2. Aufl. (Gütersloh: Gütersloher Verlagshaus, 1974).

tender Reflexion, Festhalten der Reflexion. Bei der Informationsverarbeitung unterscheiden sie (mit Hinweis auf die von ihnen befürwortete Karteiablage mit Randschlitzkarten, siehe unten, S. 28–29) drei Typen von Aufzeichnungen: 1) die Exzerptkarte; auf ihr werden lediglich die Argumentationsschritte der benutzten Quelle in wörtlicher Wiedergabe oder thesenartiger Zusammenfassung festgehalten, 2) die Kommentarkarte; auf ihr werden Äußerungen des Verfassers dieser Quelle über einen anderen Autor notiert (und später in der Verfasserkartei bei diesem Autor eingestellt), 3) die Notizkarte; auf ihr werden während des Lesens zu einer Frage entwickelte Gedanken niedergelegt (und später unter einem diese Frage charakterisierenden Schlagwort in der Schlagwortkartei eingestellt).

So wertvoll die in *Studium und wissenschaftliches Arbeiten* entwickelten Funktionsunterscheidungen insbesondere im Hinblick auf die Anlage einer nach Verfasser und Schlagwort differenzierten Materialablage auch sind, dem studentischen Anfänger wird die rigorose Trennung von Exzerpt, Kommentar und eigenen mitlaufenden Reflexionen, verbunden mit dem Zwang, grundsätzlich mit mindestens drei verschiedenen Kartentypen gleichzeitig zu arbeiten (bei Anlage einer bibliographischen Kartei kommt noch eine vierte hinzu), vielleicht doch etwas idealtypisch erscheinen. Nachdrücklich zu fordern ist aber auf jeden Fall, daß auch dort, wo Exzerpt und Zusammenfassung der Vorlage im Wechsel mit eigenen Beobachtungen, Folgerungen, Kritiken fortlaufend auf demselben Blatt festgehalten werden, eindeutig unterscheidbar bleibt, was wörtliches Zitat (stets in Anführungszeichen zu setzen) bzw. zusammenfassende Wiedergabe der Vorlage und was eigene Stellungnahme ist. Letztere ließe sich beispielsweise, ähnlich wie bei eigenen Einfügungen (Interpolationen) in einem Zitat, grundsätzlich durch eckige Klammern absetzen.

Zwei Gegebenheiten mögen die Notwendigkeit einer gründlichen schriftlichen Aufarbeitung wissenschaftlicher Materialien weniger dringlich erscheinen lassen: erstens, wenn man die betreffenden Texte selber besitzt, zweitens, wenn man sie für den Eigengebrauch in substantiellen Auszügen auf einem der mittlerweile in jeder größeren Bibliothek zugänglichen Kopiergeräte vervielfältigt. In diesem Fall kann man natürlich – was bei Büchern aus Gemeinschaftsbesitz, also öffentlichen und wissenschaftlichen Bibliotheken, unzulässig ist – Schlüsselbegriffe, wichtige Definitionen und Zusammenfassungen im Text selber optisch herausheben. Zu empfehlen ist das Unterstreichen mit einem weicheren Bleistift (2 B), der gut sichtbar ist und sich leicht radieren läßt. Optisch wirkungsvoller lassen sich wichtige Passagen durch Überstreichen mit einem Breitbandfilzstift (Marker) hervorheben. Die leuchtende Transparentfarbe kann aber nicht radiert werden. Praktisch sind auch farbige Plastikheftklammern, die einfach auf Seiten mit wichtigen Passagen oben aufgesteckt werden. Die Markierung durch Plastikklammern läßt sich verfeinern, wenn man die Farben nach einem – am besten schriftlich festgelegten – Schlüssel (z. B. rot für augenfällige Beispiele, gelb für Definitionen, blau für Zusammenfassungen o. ä.) skaliert.

Bei eigenen Texten kann man im übrigen in Randnotizen auch wichtige Argumentationsschritte kenntlich machen und weiterführende Hinweise anbringen. Allerdings enthebt eine solche Aufbereitung von Texten aus Eigenbesitz meist nicht von schriftlichen Aufzeichnungen zu diesen Texten, die in die entsprechenden Abteilungen der Materialablage eingearbeitet werden.

1.2 Sammeln und Ablegen des Materials

Dynamische Materialablage

Auch bei einem wohlüberlegten, auf größtmögliche Ökonomie bedachten Verfahren des Mitschreibens und Exzerpierens nehmen die Aufzeichnungen zu Lehrveranstaltungen und zur Fachliteratur ebenso wie Notizen über eigene Beobachtungen, Messungen, Experimente rasch zu. Schon bis zum Abschluß des Grundstudiums sind sie kaum mehr überschaubar, bis zu den Abschlußprüfungen wachsen sie ins Uferlose. Es ist deshalb ratsam, so früh wie möglich einige Überlegungen zum künftigen Sammeln und Ordnen dieser durch eigene Aufarbeitung gewonnenen Lern- und Forschungsunterlagen anzustellen. Je länger man die Gewöhnung an ein Arbeitsverfahren hinausschiebt, das diesen Materialien optimal gerecht wird, umso mehr wertvolle, mühselig zusammengetragene Informationen werden möglicherweise in unübersichtlichen, später schwer zugänglichen Ablageformen begraben.

Gefordert ist in jedem Fall ein sowohl von der Ablage wie von der Ordnung des Materials her dynamisches, zukunftsicheres System. Es muß die Möglichkeit bieten, die anfallenden Materialien auch über längere Zeiträume hinweg sachgerecht zu erfassen, d. h.

seine Ordnung muß sowohl zureichend differenzierbar wie auch problemlos veränderbar sein. Das System muß weiterhin so funktionieren, daß Einzelinformationen auch aus größeren Materialblöcken oder -sequenzen ohne Schwierigkeiten abgerufen und bei Bedarf einem anderen Zusammenhang zugeordnet werden können. So muß es zum Beispiel möglich sein, aus den Aufzeichnungen zu einer länger zurückliegenden, mehrsemestrigen Vorlesung über die Situation ausländischer Arbeitnehmer in Deutschland rasch all die Informationen herauszuziehen, die im Zusammenhang mit der Anfertigung einer Examensarbeit über die Ghettobildung türkischer Gastarbeiter in Berlin-Kreuzberg wichtig werden.

Das Ablagesystem muß im übrigen so beschaffen sein, daß es neben den eigenen Aufzeichnungen möglichst auch andere Materialien, z. B. Photokopien, hektographierte Skripten, Tabellen, Zeichnungen, Ausschnitte aus Zeitschriften und Zeitungen, Sonderdrucke, Arbeitspläne von Lehrveranstaltungen, Bibliographien u. ä. aufnehmen kann.

Weniger geeignete Ablageformen

Aus dem oben Gesagten folgt, daß sämtliche fest gehefteten oder gebundenen Aufzeichnungsformen schon für die Arbeit in der reformierten Oberstufe (Kollegstufe) des Gymnasiums, mehr noch aber für die verschiedenen Stufen des Studiums als völlig ungeeignet bewertet werden müssen. Dies gilt für Notizbücher, Listen, Verzeichnisse in Heftform ebenso wie für das an deutschen Schulen noch bevorzugt verwendete Schreibheft. Einen gewissen Fortschritt stellen diesen Aufzeichnungsformen gegenüber die von Studenten häufig benutzten Ringbücher dar. Aber Aufzeichnungen im viel verwendeten Ringbuch der Größe DIN A 5 Hochformat lassen sich in eins der beiden bewährtesten Großablagesysteme, nämlich Karteikästen, überhaupt nicht und in das zweite, Aktenordner, nur bedingt einarbeiten.

Die problemlose Einarbeitung aller während der Arbeit an einem Projekt der Kollegstufe bzw. später während des Studiums anfallenden Aufzeichnungen und Materialien in ein einheitliches Ablagesystem aber stellt eine wichtige Forderung an das zu wählende Verfahren dar. Und hier erweist sich die Lose-Blatt-Ablage in Karteikästen oder Aktenordnern auf die Dauer jeder Ablage in fester Heftform und auch in Ringbüchern weit überlegen.

Karteiablage

Für die grundsätzliche Benutzung von Karteikarten für Vorlesungsnotizen ebenso wie für alle eigenen Aufzeichnungen und Exzerpte spricht neben ihrer Mobilität vor allem ihre Stabilität, für die Ablage des Materials in Karteikästen ihre besondere Übersichtlichkeit und Zugänglichkeit. Inzwischen sind in der Bürotechnik eine ganze Reihe von Hilfsmitteln entwickelt worden, die das Ordnen des in Karteien zu speichernden Materials erleichtern und in ihren raffinierteren Formen einen bestechenden Grad an Verfügbarkeit auch solcher Aufzeichnungen ermöglichen, von denen jede nach einem sehr differenzierten Ordnungsschlüssel und unter ganz verschiedenen inhaltlichen Aspekten abrufbar gehalten werden muß.

Zu den einfachen Ordnungshilfen gehört die Verwendung verschiedenfarbiger Karten für Aufzeichnungen verschiedener Art oder Funktion. Die Materialablage läßt sich weiter aufschlüsseln durch (auf Wunsch ebenfalls farbige) Leitkarten, sogenannte ‚Tabkarten‘, von denen das Signalschild über die Karteikarten hinausragt. Das gebräuchlichste Ordnungsmittel sind alphabetische Karten, wobei man für umfangreichere Materialsammlungen gleich ein stärker unterteiltes, also 50- bis 100teiliges Alphabet mit Doppelbuchstaben wie ‚Fr‘, ‚St‘ usw. wählen sollte. Sehr praktisch sind Karteireiter, die einfach auf die Karteikarten aufgesteckt werden, also besonders beweglich bleiben. Durch unterschiedliche Farbe, alphabetisch oder numerisch signalisieren sie den Anfang der jeweiligen Ordnungsgruppe im Karteikasten. Besonders vielseitig einsetzbar und vor allem für systematische Ordnungen (siehe S. 33–35) geeignet sind Karteireiter, die mit auswechselbaren Schildern zur eigenen Beschriftung ausgestattet sind.

Subtilere Formen der Aufschlüsselung nach Vielfachkriterien ermöglicht unter anderem das Randschlitzkartensystem (siehe S. 28–29) und das in der modernen Bürotechnik zu hoher Vollkommenheit entwickelte Kerblochkartensystem (siehe S. 29). Je mehr Informationen jedoch ein solches Verfahren der Karteiablage abrufbar halten soll, desto genauer muß man den eigenen Informationsbedarf vorausbestimmen und einem längerfristig gültigen Ordnungsschlüssel zuordnen können.

Ein Argument gegen die extensive Verwendung von Karteikarten liegt im Kostenfaktor. Erstens sind Karteikarten erheblich teurer als gleichformatiges Schreibpapier. Zweitens erfordert die größere

Papierstärke der Karten, insbesondere bei größerem Anfall an Aufzeichnungen und Verzicht auf eine (für die spätere Benutzung sehr unpraktische) doppelseitige Beschriftung, bald erheblichen Ablageraum. Und Karteikästen sind – insbesondere in der stabileren Holzausführung – ebenfalls nicht billig. Des weiteren sind Karteikarten wegen ihrer Sperrigkeit auch für das Einspannen in die Schreibmaschine nicht ganz so gut geeignet. Schließlich läßt sich bei Karteikarten nicht von Aufzeichnungen, die man beispielsweise gleichzeitig in einen Verfasserkatalog und einen Sachkatalog einspeisen will, einfach eine Durchschrift anfertigen. Zwar gibt es Matrizen im Karteiformat, aber sie setzen die Verfügbarkeit geeigneter Abzugsgeräte voraus.

Aktenmappen, Schnellhefter

Entscheidet man sich nach Abwägen der oben zusammengefaßten Vorbehalte gegen die Verwendung von Karteikarten und für ein größerformatiges Schreibpapier (DIN A 5 oder DIN A 4), so bietet sich zunächst die Flachablage in Aktendeckeln, Sammelmappen oder Schnellheftern an, die ihrerseits in stapelbaren Ablagekästen untergebracht werden können. Diese Ablageformen sind zwar einfach und billig, empfehlen sich aber nur bei sehr geringem Materialanfall. Je mehr die Materialien zunehmen, desto schwerer werden die einzelnen Aufzeichnungen in den wachsenden Ablagestapeln auffindbar.

Pultordner

Eine besonders flexible und leicht zugängliche Art der Flachablage sind Pultordner. Es handelt sich dabei um Ablagemappen, deren Seiten mit seitlich herausstehenden Zahlen oder Buchstaben durchnumeriert bzw. -alphabetisiert sind. Pultordner mit Zahlen sind eigentlich für die Ablage von Terminsachen bestimmt, aber sie bieten mit ihren 7, 16 oder 31 Seiten entsprechend viele Abteilungen an, in denen Materialien nach einem variablen Schlüssel vorgeordnet werden können.

Trägt der Pultordner nicht bereits einen Beschriftungsraster, so klebt man auf das Deckblatt einen radierfesten Pappdeckel (Aktendeckel) im Format DIN A 4. Er muß soviele Linien tragen, wie der Ordner Zahlen (und entsprechend Ablageseiten) aufweist. Dieses Blatt erfüllt dann die Aufgabe einer beweglichen Gliederung. Jede Linie bekommt eine Zahl, der dann durch Eintragung mit einem weichen, leicht radierbaren Bleistift in Schlagwortform jeweils ein Gliederungspunkt der Disposition, z. B. für eine in Vorbereitung befindliche Jahres-, Seminar- oder Prüfungsarbeit zugewiesen wird. Im Pultordner werden dann unter den Gliederungspunkten alle anfallenden Notizen, Exzerpte, bibliographischen Hinweise usw. abgelegt. Verändert sich die Disposition, so werden die überholten Gliederungspunkte einfach ausradiert. Die Materialien können dann mit wenigen Griffen auf die der neuen Gliederung entsprechenden Seiten des Ordners umgeordnet werden (ein Dispositionsmodell siehe auf S. 81–83).

Die Ablage im Pultordner ist dank ihrer großen Beweglichkeit und Übersichtlichkeit die ideale Form einer Arbeitsablage, d. h. einer vorläufigen Ablage von Materialien während eines laufenden Forschungsprojektes. Für die Materialien einer Seminararbeit dürfte als Dispositionsgrundlage ein 16seitiger Pultordner ausreichen. Für umfangreichere Projekte sollte man gleich zur Ausführung mit 31 Seiten greifen. Pultordner können auch für eine flexible Dauerablage eingesetzt werden. Sie lassen sich allerdings nicht gut stapeln, benötigen also viel Ablageraum im Regal und werden bei stärkerem Materialanfall recht teuer, so daß sich in der Regel eine Dauerablage in Aktenordnern mehr empfiehlt.

Aktenordner

Eine der praktischsten und bei starkem Materialaufkommen auch aus Kostengründen besonders empfehlenswerte Form der Materialablage ist der Aktenordner. Aktenordner können sowohl stehend im Regal oder hängend in einer (auch im Schreibtisch einbaubaren und dort sehr handlichen) Hängeregistratur aufbewahrt werden. Am vielseitigsten sind die in vielen Farben und Ausführungen erhältlichen Aktenordner des Formats DIN A 4. Dabei haben sich die neueren Typen, bei denen der Klemmbügel noch durch das Vorderteil des Ordners hindurchgreift, als besonders standfest und unempfindlich gegen Verwerfen erwiesen. Diese Aktenordner können neben Aufzeichnungen im DIN-A 4-Hochformat auch solche im DIN-A 5-Querformat und darüber hinaus das verschiedenartigste Ablagegut wie Zeitungsausschnitte, Sonderdrucke, Tabellen, Zeichnungen, Bildmaterial, Arbeitspläne von Lehrveranstaltungen usw. aufnehmen. Außerdem läßt sich in ihnen auch Material, das nicht selbst gelocht werden darf, in vorgelochten, transparenten Plastiktaschen ablegen.

Das in Aktenordnern einzuordnende Material kann durch alphabetische Einlegeblätter, bei denen der Buchstabe seitlich heraussteht, erheblich leichter abgelegt und wieder abgerufen werden. Auch hier empfiehlt sich für umfangreicheres Material ein stärker differenziertes, also 50- oder 100teiliges Alphabet. Beginnt sich dennoch das Material zu bestimmten Ordnungspunkten, etwa unter dem Namen eines wichtigen Verfassers oder Stichwortes, allzusehr zu häufen, so kann man in den Ordner links gelochte farbige Plastikstreifen, sogenannte Heftstreifen (Leitz-Bestell-Nr. 3710) einlegen. Ihr Klemmband ermöglicht das gemeinsame Ablegen zusammengehörigen Materials, das dann mit einem Griff dem Ordner entnommen werden kann.

Wahl des Papierformats

Für die eigenen Aufzeichnungen zu Vorlesungen und anderen Lehrveranstaltungen, Exzerpte aus der Fachliteratur, Bibliographien u. ä. bieten sich die Papierformate DIN A 4 bis DIN A 7 zur Auswahl an. Aufzeichnungen dieser Formate lassen sich ohne Schwierigkeiten in Karteikästen einstellen. Dabei genügt für die kleineren Formate DIN A 7 und DIN A 6 ein festeres Schreibmaschinenpapier. Entscheidet man sich für eine Karteiablage im Format DIN A 5 oder dem – im Querformat allerdings sehr unhandlichen und darum kaum zu empfehlenden – DIN A 4, so muß man grundsätzlich die standfesteren Karteikarten verwenden, da Schreibmaschinenpapier dieses Formats nicht stabil genug ist.

Von den für die Schriftgutablage zur Wahl stehenden Papierformaten ist DIN A 7 (halbe Postkartengröße) nur für knappste Informationen geeignet. Die kleinen Zettel, die sich in größeren Materialsammlungen leicht verlieren, genügen jedoch für die bibliographische Kartei, wenn auf ihnen nur die elementarsten Bestimmungen der Quelle (wie Verfassername, Sachtitel, Ort und Jahr der Veröffentlichung) festzuhalten sind. Das kleine Format reicht im allgemeinen auch aus für das ‚Verzetteln' eines zum Druck bestimmten Manuskriptes, aus dem für die Registerfertigung Personennamen, Stich- und Schlagwörter herausgezogen werden sollen. Stärkerer Informationsanfall, gleich ob bibliographischer oder anderer Art, setzt zumindest das postkartengroße DIN A 6 voraus. Dieses Format empfiehlt sich vor allem durch seine handliche Brieftaschengröße. Es erlaubt aber nur eine schmale Randleiste, die gerade für Seitenangaben bei Exzerpten ausreicht und ergibt bei längeren Aufzeichnungen rasch recht umfangreiche Zettelpacken, die den Überblick über das Material erschweren. Allerdings bieten Verlage in zunehmendem Maße Informationen über Neuerscheinungen, meist mit nützlichen Kurzbeschreibungen des Inhalts, auf gesonderten oder heraustrennbaren DIN-A 6-Blättern an, die sich in eine Ablage dieses Formats gut integrieren lassen.[1]

Als besonders geeignet hat sich für die meisten Aufgabenstellungen während des Studiums und der weiteren wissenschaftlichen Arbeit Papier der Größe DIN A 5 (halbe Schreibmaschinenseite) im Querformat erwiesen; dies gilt sowohl für Karteikarten wie für normales Schreibpapier. Die Blattgröße DIN A 5 reicht aus, um auch umfangreichere Aufzeichnungen etwa zu einer Vorlesung oder einem längeren Werk der Fachliteratur übersichtlich aufzunehmen (ein Beispiel siehe S. 42). Sie erlaubt das Freihalten eines ausreichenden linken Randstreifens für das Vermerken von Seitenzahlen und ggf. das Lochen für die Ordnerablage. Darüber hinaus kann auch noch ein breiterer rechter Randstreifen freigehalten werden, auf dem sich stichwortartige Hinweise auf den Inhalt des exzerpierten Haupttextes oder eigene Kurzkommentare einfügen lassen. Die besonderen Vorteile dieses Formats, das sich vorzüglich für die Beschriftung mit der Schreibmaschine eignet, gegenüber dem doppelt so großen Format DIN A 4 (normales Schreibmaschinenblatt) zeigen sich spätestens, wenn man beispielsweise nach Ansammlung umfangreichen Materials für die Vorbereitung einer Seminararbeit mit einer größeren Anzahl von Aufzeichnungen zu jedem der einzelnen Dispositionspunkte gleichzeitig arbeiten muß. Aufzeichnungen im Format DIN A 5 lassen sich dabei problemlos entsprechend den gewählten Dispositionspunkten auf den Seiten eines Pultordners (siehe S. 24) untereinanderreihen, so daß jeweils nur die obere Randleiste mit Verfassernamen und Sachtitel bzw. Stich- oder Schlagwort sichtbar ist. Aufzeichnungen im DIN-A 5-Querformat können ohne weiteres zusammen mit Material anderer Größe in Ordnern des Formats DIN A 4 abgeheftet werden. Hat man sich für Karteikarten und entsprechend für eine Ablage in Karteikästen entschieden, so läßt sich zusätzlich anfallendes Material des Formats DIN A 4, einmal gefaltet, auch in diese Ablage einarbeiten.

[1] So findet man z. B. in der Halbjahresschrift *Amerikastudien/American Studies* aus der Metzlerschen Verlagsbuchhandlung die bibliographischen Angaben zu den in dem jeweiligen Heft erschienenen Artikeln mit einer Inhaltsangabe auf heraustrennbaren Karten im internationalen Bibliotheksformat.

Randschlitzkarten

Eine durchdachte, für viele Ordnungsmöglichkeiten offene Variante der Karteikarte im Querformat DIN A 5 stellt die von Martin Greschat und anderen entworfene Randschlitzkarte dar.[1] Diese Karteikarte ist fein vorliniert (entsprechend engem Zeilenabstand auf der Schreibmaschine). Sie enthält oben eine breite Titelleiste, links eine Randleiste für Seitenzahlen o. ä., rechts eine breitere Randleiste für das Auswerfen von Stichwörtern oder Kurzkommentaren. Die breite Mittelkolumne bleibt dem Haupttext, beispielsweise fortlaufenden Exzerpten aus einem Werk der Fachliteratur oder Aufzeichnungen zu einer Vorlesung, vorbehalten. Reiht man die auf solchen Randschlitzkarten gemachten Aufzeichnungen schräg untereinander, so daß oben jeweils die Titelleiste und rechts die Randleiste sichtbar bleibt, so kann man mit einem Blick nicht nur die Titel einer ganzen Reihe von Aufzeichnungen, sondern gleichzeitig auch die dieses Material schon gezielt aufschließenden Stichwörter überschauen.

Die Randschlitzkarten haben an ihrem oberen Rand jeweils 41 Schlitze für Durchsteckreiter. Ordnet man nun jeden dieser Schlitze einem bestimmten, vorab in einem Systemschlüssel festgelegten Stichwort zu, so können mit einfarbigen Durchsteckreitern bis zu 41 Sachbereiche kenntlich gemacht werden, auf die sich die jeweiligen Aufzeichnungen beziehen. Die Kapazität dieses Verfahrens läßt sich durch Verwendung verschiedenfarbiger Durchsteckreiter vervielfachen. Im Karteikasten signalisieren dann sämtliche in derselben Reihe hintereinander erscheinenden Reiter einer Farbe, daß die Karteikarten, auf denen sie stecken, Informationen zu dem dieser Reihe zugeordneten Stichwort enthalten. Der Informationswert einer Kartei läßt sich durch dieses Zuordnungsverfahren erheblich steigern.

Die Festlegung eines Sachschlüssels setzt allerdings bereits einen gewissen Überblick über die sinnvollsten Systematisierungskategorien des gewählten Arbeitsgebietes voraus. Die für die jeweilige Zuordnung der Materialien (bzw. der entsprechenden Karten) zu einem

---

[1] Für eine ausführliche, durch Abbildungen veranschaulichte Erörterung der Möglichkeiten dieser Ablageform siehe *Studium und wissenschaftliches Arbeiten*, S. 101–115. Die Autoren verweisen auf die Bezugsmöglichkeit der Randschlitzkarte bei der Hinz-Organisation, W. Nagel KG., Bielefeld. Die Karte hat die Bestell-Nr. R 68 1144.

bestimmten Sachbereich entscheidenden gemeinsamen Merkmale können dabei von Gattungen, Arten, Regionen, Zeiteinheiten (z. B. geschichtlichen Epochen), Mengen- oder Größenrelationen oder anderen Kriterien bestimmt sein. Orientierungshilfen geben dem Anfänger die Handbücher seines Faches und – allerdings mit Einschränkungen – die Gliederungsmodelle seiner Institutsbibliothek. Eingehender werden die Möglichkeiten einer sinnvollen Materialordnung unter 1.3 erörtert.

Kerblochkarten

Nach einem prinzipiell ähnlichen Verfahren wie das Randschlitzkartensystem arbeitet das Kerblochkartensystem. Anstatt der Schlitze tragen die Kerblochkarten umlaufend 64 Löcher, von denen jedes, wiederum nach einem vorher festzulegenden Ordnungsschlüssel, einem besonderen Stichwort zugewiesen werden kann. Für alle Stichworte, die der Text einer Karte berührt, werden die entsprechenden Löcher mit einer Spezialzange aufgekerbt. Führt man nun an den entsprechenden Stellen eine sogenannte Sortiernadel durch das ganze im Karteikasten aufgestellte Kartenpaket und hebt es hoch, so fallen alle an dieser Stelle aufgekerbten Karteikarten heraus. Ein weiterer Vorzug dieses Ablageverfahrens ist es, daß die Karten in beliebiger Folge eingestellt werden können. Reserviert man 26 der 64 Löcher für das Alphabet, so lassen sich darüber hinaus auch die in ungeordneter Folge eingestellten Karten jederzeit alphabetisch (z. B. nach Verfassern) abrufen. Die Zahl der möglichen Stichworte läßt sich bei Benutzung einer zweireihigen Kerblochkarte noch erheblich steigern.[1]

1.3 Ordnen des Materials

Formale und/oder inhaltliche Ordnung der Materialablage

Zwei Kriterien bestimmen die Wahl der zweckmäßigsten Form der Materialablage: erstens Art und Umfang des bei den eigenen Studien und Forschungsprojekten anfallenden Materials, zweitens die prakti-

---

[1] Die verschiedenen Lochkartensysteme sind u. a. beschrieben in dem von Heinz Siegel verfaßten Beitrag „Dokumentation" in Johannes Erich Heyde, *Technik der wissenschaftlichen Arbeit*, 9., verb. und erw. Aufl. (Berlin, 1966), S. 112–164. Eine ausführliche, mit zahlreichen Abbildungen verdeutlichte Erörterung der Anwendungsmöglichkeiten dieses Ablagesystems bietet der Abschnitt „Das Randlochkartenverfahren" in *Studium und wissenschaftliches Arbeiten*, S. 142–170.

schen Notwendigkeiten des geplanten Benutzungs- und Auswertungsverfahrens. Hat man sich unter Berücksichtigung dieser Blickpunkte für Karteikästen oder Aktenordner, Format DIN A 6, 5 oder 4, festeres Schreibmaschinenpapier, Karteikarten oder sogar die aufwendigen Randschlitz- oder Kerblochkarten entschieden, so bleiben noch zwei weitere Fragen offen: Nach welchen Grundsätzen soll das anfallende Material geordnet werden, und wie hat eine den Aufgabenstellungen der Ablage optimal angepaßte Beschriftung der Aufzeichnungen auszusehen?

Im Folgenden soll zunächst die nicht ganz einfache Frage eines sinnvollen Ordnungsverfahrens der anfallenden Materialien erörtert werden. Vorauszuschicken ist noch, daß man auch bei Entwicklung mehrerer paralleler Ordnungsverfahren (z. B. einer systematischen und einer Schlagwortablage) die Ablageform (Karteikästen oder Ordner, Papierformat) besser einheitlich gestalten sollte. Spätere Umordnungen, Zusammenlegungen, Trennungen von Materialien verschiedener Ordnungssysteme lassen sich so erheblich leichter bewerkstelligen. Erwägenswert ist nur eine rein bibliographische Ablage (Literaturkartei) im Kleinformat DIN A 7 (oder höchstens DIN A 6). Schon DIN A 7 reicht aus, um für eine Literaturkartei Verfassernamen, Sachtitel und einige weitere stichwortartige Informationen festzuhalten. Die nachfolgenden Überlegungen zur Ordnung des Materials sind auf beide Ablageformen gleichermaßen anwendbar.

Zur Ordnung der eigenen Materialablage bieten sich zwei grundsätzlich verschiedene Verfahrensweisen an, die beide dem Studierenden von der Praxis bibliothekarischer Bestandserschließung her vertraut sein sollten (siehe dazu auch S. 50–57). Sie lassen sich auf vielerlei Weise sinnvoll kombinieren:

1) Die formale oder mechanische Ordnung. Sie reiht die anfallenden Aufzeichnungen nach formalen oder mechanischen Kriterien. Die vertrauteste Spielart einer formalen Ordnung ist die von Verfassern, Personen, sachlichen Ordnungswörtern nach dem Alphabet. Ein anderes formales Ordnungsverfahren ist das chronologische nach dem Erscheinungs- oder Entstehungsjahr bzw. -datum. Es kann vor allem dort von Nutzen sein, wo die Entstehungs- bzw. Erscheinungsdaten der Materialien als Ordnungsfaktor Bedeutung haben (zum Beispiel, um rasch zu einem Sachgebiet die jeweils jüngste Literatur zu finden). An dieser Stelle ist auch die Ablage nach der Publikationsform (Primärliteratur: Werke oder Quellen; Sekundärliteratur: Bibliographien, Handbücher, Nachschlagewerke,

Monographien, Rezensionen, Zeitungsartikel, Zeitschriftenaufsätze o. ä.) zu erwähnen. Ein mechanisches Ordnungsverfahren ist das nach dem Zugang, das die anfallenden Materialien – wie bei der fortlaufenden Zählung nach dem Zugang in manchen Bibliotheken – einfach durchnumeriert *(numerus currens)*.

2) Die inhaltliche Ordnung. Bei ihr werden Gesichtspunkte wie z. B. sachliche, systematische oder historische Zugehörigkeit, Verwendungszweck, Herkunft u. ä. zum Kriterium der Zuordnung des Materials erhoben. Im Gegensatz zur formalen oder mechanischen Ablage müssen diese Gesichtspunkte jedoch erst aus Art und Inhalt der zu ordnenden Materialien selbst erschlossen werden.

Zu dieser Unterscheidung ist freilich anzumerken, daß auch aus den gebräuchlichen formalen Ordnungsweisen inhaltliche Kriterien nicht ganz wegzudenken sind. Arbeitet man z. B. mit einer alphabetischen Ordnung, so muß zumindest das jeweilige alphabetische Ordnungs-, Stich- oder Schlagwort aus den Materialien selbst entnommen werden. Dabei kann die Festlegung dieses Ordnungswortes zwischen relativ mechanisch (Verfasser, Titel) und stark inhaltlich (Sachbezug verdeutlichendes Schlagwort in der alphabetischen Sachablage) schwanken. Umgekehrt läßt sich kaum eine systematische, also primär nach Sachbezügen ordnende Materialablage denken, in der die Aufteilung in Untergruppen und Untergruppen von Untergruppen nicht einen Punkt erreicht, wo sinnvoll nur noch formal (alphabetisch oder chronologisch) geordnet, nicht aber weiter systematisch untergliedert werden kann.

Alphabetische Materialablage nach Verfassern und Titeln

Spielt bei den eigenen Studien und Forschungen die Auseinandersetzung mit den Beobachtungen, Experimenten, wissenschaftlich-theoretischen und künstlerischen Werken anderer eine wesentliche Rolle, so bietet sich die alphabetische Ordnung der Materialien nach Verfassern und Sachtiteln als vergleichsweise unkompliziertes Verfahren an. Haben sich Aufzeichnungen zu mehreren Werken eines Verfassers angesammelt, so kann ihre Einordnung alphabetisch nach den Sachtiteln erfolgen, auf die Aufzeichnungen sich beziehen (zum richtigen alphabetischen Einordnen von Verfassern und Sachtiteln siehe S. 171–175).

Je nach Sachbereich, Umfang und Differenziertheit der Aufzeichnungen können sich weitere Untergliederungen als nützlich erweisen.

Befaßt man sich zum Beispiel mit dem Werk Adornos und seiner Rezeption, so lassen sich unter ‚Adorno' zunächst in einer Hauptgruppe alle Aufzeichnungen zusammenfassen, die sich (in Form von Exzerpten, Zusammenfassungen, Kommentaren) auf Adornos Werk selbst beziehen. Eine weitere Untergliederung ist nach den Rubriken ‚Allgemeines' und ‚Einzelwerke' möglich, wobei sich eine alphabetische Ordnung nach Sachtiteln oder auch eine chronologische nach Erscheinungsdaten der behandelten Werke anbietet. Eine zweite Hauptgruppe unter ‚Adorno' kann dann sämtliche Aufzeichnungen aufnehmen, die sich mit der Sekundärliteratur (Zweitschrifttum), d. h. Monographien, Zeitschriftenaufsätzen usw. über Adorno befassen. Auch hier läßt sich entweder alphabetisch (nach Verfassern der Sekundärwerke) oder chronologisch nach Erscheinungsdaten der Sekundärwerke einordnen. In chronologischer Ordnung bilden die Aufzeichnungen zur Sekundärliteratur im übrigen den ersten Ansatz einer eigenen Forschungschronik (siehe auch S. 97) über die Adorno-Rezeption.

Die alphabetische Ablage nach Verfassern und Titeln ist zwar vergleichsweise unkompliziert, hat aber zwei gravierende Nachteile: erstens werden mit ihren Ordnungskriterien die abgelegten Materialien nicht zureichend inhaltlich erschlossen, zweitens bleiben die sachlichen Zusammenhänge dieser Materialien unberücksichtigt, d. h. sachlich Zusammengehöriges wird nicht zusammen abgelegt.

Zur Illustration des ersten Nachteils: Man ist beispielsweise im Laufe einer über Jahre aufgebauten, mittlerweile recht umfangreichen Materialsammlung im philosophisch-sozialwissenschaftlichen Bereich des öfteren auf den Begriff der ‚Hermeneutik' bzw. ‚kritischen Hermeneutik' gestoßen. Im Rahmen einer Hauptseminararbeit benötigt man plötzlich eine möglichst klare Definition, Anwendungsbeispiele und vielleicht sogar eine historische Ableitung des Begriffs. Nun ist schon ein außergewöhnliches Gedächtnis erforderlich, soll man sich spontan erinnern, welche der in den eigenen Aufzeichnungen erfaßten Autoren sich wo überall mit diesem Begriff auseinandergesetzt haben. Ohne Kenntnis der Namen dieser Autoren und der Sachtitel aber ist man gar nicht in der Lage, die entsprechenden Aufzeichnungen in der alphabetischen Ablage aufzufinden.

Der eben skizzierten Unzulänglichkeit der alphabetischen Ablage nach Verfassern und Sachtiteln läßt sich allerdings begegnen, indem man sie mit einer anderen, nunmehr gezielt inhaltlich erschließenden

Ablageform verbindet. Am überzeugendsten bietet sich dafür die Ablage nach Schlag- und Stichwörtern an, die auf S. 36–38 genauer erörtert wird.

Auch die Schlagwortablage leistet allerdings die sachliche Erschließung der gesammelten Materialien immer nur punktuell. Ist sie umsichtig angelegt, so wird man unter dem Begriff ‚Hermeneutik‘ zumindest Verweisungen auf alle Stellen in den eigenen Aufzeichnungen finden, an denen auf ihn Bezug genommen wird – eventuell darüber hinaus auch Hinweise auf weitere diesen Begriff berührende Literatur. Was man in der alphabetischen Schlagwortablage nicht findet, ist eine inhaltliche Gliederung der Materialien, die erstens Position und Stellenwert der Hermeneutik in der Philosophie bzw. im engeren Bereich der Erkenntnis-, Kommunikations- oder Literaturtheorie schon durch die Lokalisierung der entsprechenden Aufzeichnungen in der Materialablage deutlich macht, und die zweitens sachlich an die Fragestellungen der Hermeneutik angrenzende Materialien auch in der Ablage an Materialien zur Hermeneutik angrenzend placiert. Eine solchen Anforderungen entsprechende Strukturierung des Ablagesystems läßt sich nur mit einer systematischen Ordnung leisten.

Systematische Materialablage

Die systematische Materialablage ordnet die anfallenden Materialien nach der Gliederung und den thematisch-sachlichen Gewichtungen eines Arbeitsgebietes. Die Schwierigkeiten schon beim Entwurf einer elementaren Systematik liegen darin, daß sie bereits von einem gewissen wissenschaftstheoretischen Vorverständnis des eigenen Arbeitsgebietes geleitet sein muß. Die Entwicklung einer solchen Systematik kann umgekehrt naturgemäß eine zunehmende Vertiefung des Überblicks über die wesentlichen Gliederungsverfahren und Sachprobleme dieses Gebietes bewirken.

Erste Anhaltspunkte für eine systematische Gliederung der eigenen Materialien kann dem Studenten die – in den meisten Fällen – systematische Bestandserschließung der eigenen Institutsbibliothek geben (über die Bestandserschließung wissenschaftlicher Bibliotheken allgemein informiert S. 50–59). Die Systematik (auch Klassifikation oder Sachschlüssel) einer solchen Bibliothek wird, je nach dem Charakter der Bestände, von Gattungen, Arten, Regionen, Ländern, historischen Epochen, Personen, Theorie und Anwendung, Nachschlagewerken, Zeitschriften, allgemeinen und Einzeldarstellungen

u. ä. ausgehen. Die kleinsten so entstehenden Abteilungen (auch Klassen, Gruppen, Systemstellen) werden dann in den Bibliotheken allerdings in der Regel wieder formal, d. h. alphabetisch, chronologisch oder auch nur numerisch geordnet. Dennoch ist vor der unkritischen Übernahme einer Bibliotheksklassifikation zu warnen. Zwar lehnen die Bibliothekssystematiken sich in der Regel mehr oder minder eng an die Wissenschaftssystematik des betreffenden Fachgebietes an, verändern, vergröbern oder verfeinern sie jedoch entsprechend den praktischen Gegebenheiten, wie zum Beispiel durch Schwerpunktbildungen, Überfüllungen oder Lücken ihrer tatsächlichen Bestände.

Zu wünschen wäre also, so muß es scheinen, eine einheitliche, allgemeinverbindliche und dauerhafte wissenschaftliche Klassifikation der jeweiligen Fachdisziplin, die sich, gewissermaßen nur reduziert und dem eigenen Materialaufkommen angemessen, einfach übernehmen ließe. In der Tat ist eine solche Systematik z. B. schon im späten 19. Jahrhundert von Melvil Dewey für alle Wissensgebiete entworfen und seither in vielen Ländern ausgebaut worden: die Dezimalklassifikation (DK), die auf S. 54 noch genauer dargestellt wird. Dennoch gibt es gewichtige Gründe dafür, warum sich diese Klassifikation trotz unbestreitbarer Rationalisierungsvorteile selbst in großen Bibliotheken nur begrenzt durchgesetzt hat. Als Modell einer individuellen, studien- und forschungsgerechten Materialablage ist sie vor allem darum unbrauchbar, weil wir es dabei mit einer höchst komplexen und zugleich sehr starren, langfristig festgeschriebenen Klassifikation zu tun haben, deren umständliche Revisionen mit den immer rascheren Entwicklungen, Akzentverschiebungen und neuen interdisziplinären Verbindungsformen der verschiedenen Wissenschaftszweige nicht Schritt halten. Noch weniger dürfte sich für die meisten Interessenten die in den sechziger Jahren entwickelte sowjetische *Bibliothekarisch-Bibliographische Klassifikation* als Modell empfehlen, da ihre rigoros ideologische Struktur sowie ihr absoluter Anspruch mit westlichem Wissenschaftsverständnis kaum in Einklang zu bringen sind.

Im übrigen ist die Systematik einer fachspezifischen, forschungsbezogenen Materialablage schon darum nicht ohne weiteres vorzufabrizieren, weil jede dynamische Erschließung des Materials mit dem jeweils erreichten Stand von Methodenbewußtsein und Stoffbewältigung in enger Wechselwirkung steht. Gewiß können hier die wichtigsten Handbücher des Faches ebenso wie die in Vorlesungen und

Seminaren praktizierten methodischen und stofflichen Gliederungen Orientierungshilfen bieten. Aber wissenschaftliches Arbeiten ist ein dialektischer Prozeß. So stellt jede ‚von außen' angebotene Ordnung des eigenen Arbeitsgebietes schon immer eine Herausforderung zu kritischer Auseinandersetzung in einem neuen, selbst zu verantwortenden Erkenntnisschritt dar.

Beispiel einer systematischen Untergliederung

Die systematische Ordnung einer Materialablage konstituiert, wie schon dargelegt, eine Aufgabe, die für jede Wissenschaftsdisziplin und insbesondere für jedes speziellere Forschungsvorhaben gesondert bewältigt werden muß. Mit dem nachfolgend skizzierten Modell einer möglichen systematischen Gliederung aber soll an einem Beispiel verdeutlicht werden, welche Vielfalt an Variationsmöglichkeiten sich bei jedem Versuch der sinnvollen Klassifizierung bietet. Ausgegangen werden soll von einem Wissenschaftsbereich (z. B. Philosophie, Geschichte, Literatur- und Kunstwissenschaften), bei dem ungeachtet mancher Abgrenzungsschwierigkeiten Epochenbegriffe wie ‚Barock', ‚Romantik', ‚Naturalismus' sich bewährt haben. Sie können für die Materialordnung dann einen groben historisch-systematischen Raster bieten.

Staut sich nun bei einem umfangreicheren Forschungsvorhaben über das späte 19. Jahrhundert beispielsweise immer mehr Material unter der epochalen Ordnungsgruppe ‚Naturalismus', so muß man sich zu weiteren Untergliederungen entscheiden. Zunächst ließe sich eine Untergruppe ‚Theorie des Naturalismus' bilden. In sie wären – alphabetisch oder chronologisch – alle Materialien einzuordnen, die sich auf die Theoriebildung und ideengeschichtliche Grundlegung des Naturalismus beziehen, etwa Aufzeichnungen zu Comte, Taine, Zola, Spencer oder anderen. Nach der Gruppe Theorie wäre eine Gruppe ‚Praxis des Naturalismus' denkbar, in die die Materialien je nach Disziplinen eingeordnet werden könnten, z. B. ‚Naturalismus in der bildenden Kunst', ‚Naturalismus im Theater', ‚Naturalismus in der Literatur'. Die verschiedenen Disziplinen könnten wiederum in regionale Untergruppen aufgelöst werden, z. B. ‚Naturalistisches Theater in Deutschland', ‚... in England', ‚... in Frankreich' usw. Die regionalen Gruppen ließen sich weiterhin nach Perioden (‚Anfänge des Naturalismus in Deutschland', ‚Spätnaturalismus in Deutschland') oder auch nach Gattungen (‚Naturalismus im deutschen Roman', ‚Naturalismus in der deutschen Lyrik' usw.) differenzieren.

Als Abschluß ließe sich eine Gruppe ‚Naturalismus: Wechselwirkungen mit anderen Strömungen' bilden. Sie könnte ihrerseits weiter in ‚Naturalismus und Sozialdarwinismus', ‚Naturalismus und Vitalismus', ‚Naturalismus und Expressionismus' aufgefächert werden.

Der Lust am systematischen Untergliedern scheinen hier kaum Grenzen gesetzt. Überdies liegen die Vorteile einer sehr punktuell inhaltlichen Erschließung der Materialien auf der Hand. Leider wirkt diesen Vorteilen jedoch eine fatale Umkehrgleichung entgegen, die bei jeder wissenschaftlichen Systematisierung mitzubedenken ist: Je stärker man den Systemschlüssel untergliedert, desto geringer wird die Menge der Materialien, die eindeutig in die eine oder die andere Gruppe dieses Schlüssels paßt, d. h. desto mehr Materialien könnten mit gleichem Recht in mehrere dieser Gruppen eingeordnet werden. Es bedarf dann beim späteren Abrufen solcher Materialien sehr genauer Erinnerung daran, welche Merkmale der Materialien man als für die Einordnung entscheidend angesehen hat, um sie wieder aufzufinden. Diesem Nachteil läßt sich bedingt gegensteuern, indem man zum Beispiel eine Aufzeichnung, die mit fast gleichem Recht wie dem Naturalismus auch der Epochalgruppe ‚Romantik' zugeordnet werden könnte, zwar dem Naturalismus zuschlägt, unter der Gruppe ‚Romantik' aber eine Verweisung auf diese Aufzeichnung einarbeitet. Ehe man jedoch eine systematische Materialablage extrem differenziert und durch eine große Zahl von Querverweisungen aufschwemmt, ist zu überlegen, ob man sich bei ihr als der Hauptablage nicht doch auf einen vergleichsweise groben Systemschlüssel beschränken sollte. Eine punktuell-inhaltliche Erschließung läßt sich nämlich – wie schon im Zusammenhang mit der alphabetischen Ablage nach Verfassern und Sachtiteln erörtert – wirkungsvoller durch die Kombination der systematischen mit einer alphabetischen Schlagwortablage leisten, die dann weitgehend als eine nur verweisende gestaltet werden kann.

Alphabetische Ablage nach Schlag- oder Stichwörtern

Die Materialablage nach Schlag- oder Stichwörtern erschließt die einzuordnenden Materialien zunächst nach ihrem Sachinhalt, ordnet sie jedoch formal. Alphabetisches Ordnungswort wird dabei ein Schlagwort, das den Inhalt der jeweiligen Aufzeichnung möglichst knapp und prägnant charakterisieren soll. Wird ein Schlagwort aus mehreren Begriffen gebildet, so ist deren Rangordnung deutlich zu machen. Soll im nachfolgenden Beispiel die Epoche und nicht die Region als übergeordneter Begriff gelten, so ist erstere auch voranzustellen: statt ‚deutscher Naturalismus', ‚französischer Naturalismus' also besser ‚Naturalismus, deutscher', ‚Naturalismus, französischer'. Die ‚Naturalismus' nachgeordneten Begriffe lassen sich dann ihrerseits wieder alphabetisch ordnen. Ein Begriff, der wörtlich dem Titel des Dokuments entnommen wird, auf das sich die Aufzeichnung bezieht, heißt ‚Stichwort' (zur bibliothekarischen Bestandserschließung durch Schlagwortkataloge siehe S. 55–56).

Die Schlagwortablage hat zwei wesentliche Vorzüge: Sie erschließt die Materialien inhaltlich, und sie hält sie mittels der alphabetischen Einordnung besonders leicht zugänglich. Gestaltet man die eigene Materialsammlung ausschließlich als alphabetische Ablage nach Schlagwörtern, so kann allerdings die Festlegung der Schlagwörter, unter denen die Materialien selber eingeordnet werden sollen, Schwierigkeiten machen. Von diesen Schlagwörtern legt man dann am besten eine Liste an und arbeitet von Synonymen bzw. anderen für diese Materialien bedeutsamen Schlagwörtern her mit reichlichen Querverweisungen. Bei der Auswahl der Schlagwörter sollten nicht zuletzt solche Begriffe der eigenen Fachterminologie berücksichtigt werden, deren Definition noch besondere Schwierigkeiten macht. Im übrigen können bei der Festlegung der zweckmäßigsten Schlagwörter neben den Handbüchern und Standardbibliographien des eigenen Faches ggf. auch bibliothekarische und dokumentarische Schlagwortsammlungen, sogenannte ‚Thesauri', helfen.

Läßt sich die Mehrheit der abzulegenden Materialien praktischer von Verfassernamen und Titeln als von inhaltlich bestimmten Schlagwörtern her erfassen, so genügt es, die Schlagwortablage als eine ergänzende Verweisungskartei zu gestalten. Unter ‚Naturalismus' wäre dann z. B. ein Verweisungszettel ‚siehe Zola, Emile, *Le roman expérimental*' denkbar. Die Aufzeichnungen zu Zolas Roman selbst aber wären in der als eigentlicher Materialsammlung geführten alphabetischen Verfasserablage aufzufinden. Grundsätzlich lassen sich alphabetische Verfasser- und Schlagwortablage natürlich in eine Ablage integrieren (‚Kreuzkatalog', ‚Kreuzindex'), jedoch verliert das Ganze dabei leicht an Übersichtlichkeit. Arbeitet man auschließlich mit einer Schlagwortablage und versucht zugleich, gewisse inhaltliche Zusammenhänge zu erhalten, so kommt man rasch zu recht komplexen Schlagworthierarchien. So ließe sich eine Einordnung von Zolas Roman z. B. zunächst nach der Epoche (‚Naturalismus'), innerhalb dieser Gruppe alphabetisch nach der Region

(‚französischer‘), darunter wieder nach dem Verfassernamen (‚Zola, Emile‘), darunter schließlich nach dem Sachtitel (‚*Le roman expéri-mental*‘) denken. Daß bei Einführung systematisierender Elemente ebenso wie durch den erwähnten Verweisungsapparat die leichte Zugänglichkeit der Schlagwortablage rasch wieder verloren gehen kann, liegt auf der Hand.

Legt man also grundsätzlichen Wert auf die sachliche Zusammenlegung inhaltlich zusammengehöriger Materialien, so kommt man an einer systematischen Materialablage als Hauptablage nicht vorbei. Sie läßt sich allerdings genau wie die Verfasserablage durch eine als Verweisungskartei ausgebildete Schlagwortablage ergänzen. Dabei kann die notwendige Relation zwischen dem Aufschlüsselungsgrad beider Ablageformen wieder auf eine Umkehrgleichung gebracht werden: Je weitmaschiger man die Ordnungskategorien der systematischen Ablage hält, desto differenzierter muß die inhaltliche Erschließung dieser Materialien durch Verweisungen in der Schlagwortablage geleistet werden – und umgekehrt.

Insgesamt gesehen, ist der Wert einer frühzeitig begonnenen alphabetischen Schlagwortablage, insbesondere in Form einer Verweisungskartei, kaum zu überschätzen. Mit ihr schafft man sich durch fortschreitende eigene Sacherschließung von Fachliteratur und Lehrveranstaltungen eine immer umfassendere Definitions- und Orientierungshilfe, die sich später für jede Einzeluntersuchung nutzen und dabei weiter ausbauen und verfeinern läßt.

1.4 Beschriften des Materials

Festzuhaltende Informationen

Es gehört zu den elementaren Forderungen an jede wissenschaftliche Arbeit, daß sie in ihrer Endfassung über sämtliche unmittelbar wie mittelbar (d. h. nicht wörtlich, sondern dem Sinne nach) benutzten Quellen Rechenschaft ablegt. Dieser Nachweis ist nicht nur durch die Zusammenfassung aller benutzten Quellen in der Bibliographie zu führen (genaueres zur Bibliographie siehe S. 169–178), sondern jeweils schon beim ersten unmittelbaren oder mittelbaren Rückgriff auf die Quelle im laufenden Text (genaueres zu Quellenbeleg siehe S. 147–168). Deswegen müssen bei den eigenen Aufzeichnungen stets auch jene bibliographischen Informationen festgehalten werden, die für die einwandfreie Identifikation der benutzten Quellen unerläßlich sind. Welche Informationen dies genau, etwa bei einer bibliographisch ,schwierigen' Quelle, sein müssen, wird im Abschnitt über den Quellenbeleg ebenfalls an zahlreichen Beispielen erläutert. Als Faustregel darf jedoch gelten, daß auf der oberen Randleiste des ersten Blattes bzw. der ersten Karteikarte der jeweiligen Aufzeichnungen immer zumindest die folgenden Angaben festzuhalten sind: 1) Name des Verfassers und/oder Herausgebers, 2) voller Titel des Werkes (bei Zeitschriftenaufsätzen erst der Titel des Aufsatzes, dann der Titel der Zeitschrift), 3) Erscheinungsort und -jahr (bei Zeitschriftenaufsätzen statt dessen Bandnummer, Erscheinungsjahr und Umfang des Aufsatzes, z. B. ,S. 171–192'). Nützlich für ein schnelles Wiederfinden einmal entliehener Bücher kann auch der Vermerk der Standortsignatur des jeweiligen Bandes sein. Beziehen sich Aufzeichnungen auf Vorlesungen, Vorträge o. ä., so sollte neben dem Namen des Dozenten auch der volle Titel sowie Ort und Datum der betreffenden Veranstaltung festgehalten werden. Erwägenswert ist im übrigen, bei den eigenen Aufzeichnungen das Datum zu vermerken, um später die eigenen Erkenntnisschritte in der richtigen chronologischen Abfolge rekonstruieren zu können.

Genaue Informationsaufnahme

Nichts kann die Glaubwürdigkeit einer wissenschaftlichen Arbeit schneller in Frage stellen als eine wissentlich oder unwissentlich entstellende Wiedergabe von Quellen. Schon bei den ersten Aufzeichnungen muß man sich darum im Umgang mit Quellen größte Sorgfalt angewöhnen (über die Einarbeitung von Quellen ins Manuskript siehe S. 126–129). Die Aufzeichnungen sind so abzufassen, daß auch später noch einwandfrei zwischen der gedanklichen Position des Autors und eigenen Hinzufügungen, Kommentaren und Kritiken unterschieden werden kann. Insbesondere sollte man die wörtliche Wiedergabe eines Textes stets durch Anführungsstriche kenntlich machen und eindeutig von eigenen Nachformulierungen und Zusammenfassungen abheben. Auch muß jede Manipulation eines wörtlichen Zitats erkennbar bleiben. Dies gilt vor allem für eigene, in das wörtliche Zitat eingefügte (,interpolierte') Anmerkungen, die stets in eckige Klammern zu setzen sind (siehe auch S. 123), sowie für Auslassungen, die durch drei Punkte angezeigt werden müssen. Schließlich dürfen Zitatauszüge nie so knapp gefaßt werden, daß die Gefahr der unzulässigen Verkürzung oder Verfälschung des Argumentationszusammenhanges entsteht.

Viele der oben erwähnten Einzelheiten mögen für den Anfänger pedantisch wirken. Wer jedoch schon länger wissenschaftlich arbeitet, weiß wohl, wie frustrierend es ist, wenn man beispielsweise unter dem Termindruck einer Examensarbeit ein wichtiges Zitat nur darum nicht verwenden kann, weil die eigene Dokumentation dazu lückenhaft oder unklar und die Quelle selber möglicherweise nicht rasch erreichbar ist. Oft genug muß man das ganze Kapitel oder gar ganze Bücher nochmals durchgehen, nur weil man zu einem Zitat die genaue Fundstelle nicht festgehalten hat. Es lohnt darum, auf der linken Randleiste der Aufzeichnungen zu allen wichtigen Argumentationsschritten des exzerpierten Textes und insbesondere zu jedem wörtlichen Zitat die Seitenangabe zu vermerken. Will man sich das Wiederauffinden interessanter Passagen in entliehenen Büchern erleichtern, die man ja nicht markieren darf, so läßt sich durch ein hochgestelltes ,o‘ (,oben‘), ,m‘ (,Mitte‘) oder ,u‘ (,unten‘) hinter der Seitenzahl (z. B. ,S. 293^{u}‘) der Fundort noch genauer bestimmen.

Die für die Schriftgutablage vorgesehenen Blätter oder Karteikarten sollte man grundsätzlich nur einseitig beschriften. Einseitig beschriftete Blätter lassen sich nicht nur besser lesen, man kann sie auch aus längeren Aufzeichnungsfolgen besser herausziehen. Will man Materialien umgruppieren, so lassen sich einseitig beschriftete Aufzeichnungen auch problemlos zerschneiden und in neuer Abfolge zusammenkleben. Umfaßt eine Aufzeichnung mehrere Blätter bzw. Karteikarten, so werden sie durchnumeriert. Auf der oberen Randleiste des ersten Blattes trägt man nach dem Ordnungswort (Verfassername oder inhaltliches Schlagwort) alle notwendigen Informationen zur Quelle ein. Für die folgenden Blätter genügt im allgemeinen Verfassername bzw. Schlagwort sowie eine Kurzfassung des Titels der Quelle, um auch bei zeitweiligem Aussortieren einzelner Aufzeichnungen später wieder richtig einordnen zu können. Möchte man eine Aufzeichnung – insbesondere in der alphabetischen Schlagwortablage – unter mehreren inhaltlichen Blickpunkten erschließen, so lassen sich mit der Schreibmaschine, wenn man nicht sehr starke Karteikarten verwendet, gleich Durchschläge für einen Mehrfachbeleg anfertigen.

Es sei in diesem Zusammenhang nochmals auf die enormen Vorteile hingewiesen, die sich während des Studiums und in der späteren wissenschaftlichen Arbeit aus der flüssigen Beherrschung des Maschineschreibens ergeben. Den meisten Studenten ist nicht bewußt, daß das Erlernen des Zehnfingersystems mit einer in jedem besseren

Schreibwarengeschäft erhältlichen Schreibmaschinenschule auch autodidaktisch in wenigen Wochen möglich ist. Da die Steigerung der Schreibgeschwindigkeit sich mit wachsender Nutzung der Maschine automatisch einstellt, zahlt sich die bescheidene anfangs aufgewandte Mühe bald zeitlich wie auch finanziell um ein Vielfaches aus. Leider nehmen die Bildungspläne unserer Oberschulen noch kaum Kenntnis davon, was beispielsweise in den Vereinigten Staaten längst selbstverständlich ist: Maschineschreiben als obligatorischer Bestandteil der schulischen Ausbildung.

Beschriftungsbeispiel I:
Bibliographische Ablage (Literaturkartei)

Die bibliographische Notiz oder Literaturkarte ist die einfachste Form der Aufzeichnung. Sie verweist lediglich auf eine für ein Sachgebiet relevante Quelle und nimmt die zur Identifikation dieser Quelle nötigen Informationen auf (siehe auch S. 38–39). Führt man für die Bibliographie eine gesonderte Ablage, so genügt das im Beispiel dargestellte Postkartenformat DIN A 6 oder sogar DIN A 7 (zur zweckmäßigsten Ablageform siehe auch S. 21–29). Möchte man bibliographische Hinweise grundsätzlich in die eigene Hauptablage einarbeiten, so muß man sich natürlich nach der äußeren Form dieser Ablage richten.

```
Habermas,    Zur Logik der Sozialwissen-
Jürgen       schaften: Materialien
             (Frankfurt/M., 1970)
             Signatur (UB München):
```

Beschriftungsbeispiel II:
Alphabetische Ablage nach Verfassern und Sachtiteln
(Primärquelle)

Geht man von dem auf S. 27 für Aufzeichnungen der Hauptablage empfohlenen Querformat DIN A 5 aus, so läßt dieses Format

ausreichend Raum, um außer der oberen Titelleiste links eine ca.
3 cm und rechts eine ca. 4 cm breite Randleiste einzurichten. Die
linke Leiste nimmt am oberen Blattrand die laufende Blattnummer
auf. Darunter kommen zu den jeweiligen Exzerpten die Seitenangaben. Werden die Aufzeichnungen in einem Aktenordner
abgelegt, so sollte man sie vor der Beschriftung lochen. Die rechte
Leiste kann oben die Signatur des Textes oder auch ein seinen
Inhalt charakterisierendes Schlagwort aufnehmen. Darunter bleibt
Platz für das Auswerfen von schlagwortartigen Zusammenfassungen
des Haupttextes. Eine noch weitergehende inhaltliche Erschließung
nach diesem Muster leistet das Randschlitzkartenverfahren (siehe
S. 28–29).

Auf der Titelleiste im Mittelfeld erscheint links das Hauptordnungswort (in diesem Fall der Name des Verfassers der Primärquelle,
‚Popper‘). Nachgeordnetes Ordnungswort kann dann das erste Wort
des Sachtitels unter Übergehung des am Anfang stehenden bestimmten oder unbestimmten Artikels werden. In besonders aktualitätsbezogenen Wissenschaftsgebieten ist als nachgeordnetes Ordnungsprinzip dagegen das Erscheinungsjahr vorzuziehen, so daß stets die
jüngste Literatur sofort auffindbar ist.

1	Popper, Karl	The Logic of Scientific Discovery (London, 1960)	Signatur (UB München):
S. 110f.		Popper setzt sich u.a. mit dem Zirkelschluß des Operationalismus auseinander, der außer acht läßt, daß der Versuch, allgemeine Be griffe auf Meßoperationen zurückzuführen, seinerseits schon eine Theorie des Messens voraussetzt. Er erläutert den Zirkelschluß am Beispiel einer Gerichtsverhandlung: "In the case of the trial by jury, it would be clearly impossible to apply the 'theory' unless there is first a verdict arrived at by decision; yet the verdict has to be found in a procedure that conforms to, and thus applies, part of the legal code. The case is analogous to that of basic statements. Their acceptance is part of the application of a theoretical system; and it is only this application which makes any further applica tion of the theoretical system possible."	operationali stischer Zirkelschluß Beispiel: Gerichts verhandlung

Beschriftungsbeispiel III:
Alphabetische Ablage nach Verfassern und Sachtiteln
(Sekundärquelle)

Diese Aufzeichnung soll dem Autor der Primärquelle (also Popper),
auf den der Autor der Sekundärquelle (Habermas) sich bezieht,
zugeordnet werden. Darum wird hier ‚Popper‘ als Hauptordnungswort auf der Titelleiste links ausgeworfen. Da er nicht der Autor
der Quelle ist, auf die die Aufzeichnung sich direkt bezieht, wird
sein Name in eckige Klammern gesetzt. Innerhalb der Abteilung
‚Sekundärliteratur zu Popper‘ wird dann ‚Habermas‘ Ordnungswort.
Im übrigen wird die gedankliche Wechselbeziehung zwischen beiden
Quellen auch durch die schlagwortartigen Zusammenfassungen auf
den rechten Randleisten einsichtig.

	[Popper, Karl]	Jürgen Habermas: Zur Logik der Sozialwissenschaften: Materialien (Frankfurt/M., 1970)	Signatur (UB München) ....
S. 39–70		In "Eine Polemik (1964): Gegen einen positivistisch halbierten Rationalismus" stellt Habermas den normativen Anspruch der Erfahrungswissenschaften in Frage, weil ihre jeweilige Erfolgskontrolle nur in den Grenzen eines apriorischen, oft nicht genügend mitreflektierten theoretischen Modells gültig ist.	unreflektiertes Apriori des Empirismus
		Habermas demonstriert dann genauer den empiristischen Zirkelschluß, indem er Poppers Kritik am Operationalismus sowohl überprüft wie weiterführt:	Weiterführung von Popper
S.52		"Der Operationalismus insistiert mit Recht darauf, daß der semantische Gehalt erfahrungswissenschaftlicher Informationen nur in einem durch die Struktur erfolgskontrollierten Handelns transzendental gesetzten Bezugsrahmen gilt und nicht auf Wirkliches 'an sich' projiziert werden darf. Unrichtig ist jedoch die Annahme, daß jener Gehalt auf Kriterien beobachtbaren Verhaltens schlicht reduziert werden könnte. Der Zirkel, in den sich dieser Versuch verstrickt, zeigt vielmehr, daß die Handlungssysteme, in die der Forschungsprozeß eingelassen ist, schon durch die Sprache vermittelt sind, wobei Sprache selbst nicht in Kategorien des Verhaltens aufgeht."	operationalistischer Zirkelschluß

Beschriftungsbeispiel IV:
Alphabetische Ablage nach Schlagwörtern

Führt man die Schlagwortablage vor allem als ergänzende Verweisungskartei zur Hauptablage, so dürften im allgemeinen Zettel oder
Karteikarten im Format DIN A 6 (Postkartengröße) ausreichen. Im

Folgenden wird eine solche Aufzeichnung dargestellt, die über das Schlagwort ‚[operationalistischer Zirkelschluß]‘ auf die diesbezüglichen Ausführungen Poppers in *The Logic of Scientific Discovery* verweist. Wäre diese Schlagwortkarte ‚autonom‘, d. h. bezöge sie sich nicht auf die extensiveren Aufzeichnungen in der Personenkartei, so müßte die genauere inhaltliche Erschließung der Quelle naturgemäß auf der Schlagwortkarte selber geleistet werden. Will man häufig so verfahren, so empfiehlt sich auch für die Sachkartei das größere, auf S. 27–29 genauer erörterte Querformat DIN A 5.

Im übrigen führt die dargestellte Schlagwortkarte über Popper auch zu den ebenfalls für diesen Zirkelschluß relevanten Ausführungen von Habermas, die ja den Aufzeichnungen zu Popper als Sekundärquelle nachgeordnet sind. Allerdings greift die Aufzeichnung zu Habermas über die Auseinandersetzung mit Popper hinaus. Sie könnte also auch ohne weiteres als Primärquelle unter Habermas selber eingeordnet werden. In diesem Falle müßte man die Verbindung zwischen beiden Texten durch eine Verweisungskarte mit knappem Hinweis auf Habermas in der Abteilung ‚Sekundärliteratur zu Popper‘ herstellen. Zusätzlich würde sich dann eine eigene Schlagwortkarte zu Habermas unter der Titelleiste ‚[Operationalismus: Zirkelschluß des] Habermas, Jürgen‘ empfehlen.

```
[Operationalismus:          Popper,
 Zirkelschluß des]          Karl

Zum Zirkelschluß des Operationalismus,
der allgemeine Begriffe auf Meßopera-
tionen zurückführen will, ohne das
apriori einer Theorie des Messens mit-
zureflektieren, siehe Karl Popper,
The Logic of Scientific Discovery
(London, 1960), S. 110 f. et passim.
```

1.5 Auffinden des Materials

Erste wissenschaftliche Orientierungshilfen

Die ersten Anleitungen zum gezielten Erschließen des wissenschaftlichen Materials, insbesondere zum Auffinden der wichtigen Literatur des eigenen Faches, bietet die jeweilige Fachausbildung. Die einführenden Veranstaltungen des Grundstudiums schließen in der Regel neben ersten methodischen Fingerübungen ausführliche Hinweise auf Bibliotheksbestände und -benutzung, bibliographische Hilfsmittel, wichtige Handbücher, Glossare zur Fachterminologie u. ä. ebenso ein wie Ratschläge für das zweckmäßigste Vorgehen bei der Materialsammlung und den Aufbau der schriftlichen Arbeiten.

Weitere Hilfen sind ausführliche Arbeitspläne, Leselisten usw. für die Lehrveranstaltungen. Sie sind umso nützlicher, je genauer sie im voraus das Thema der jeweiligen Sitzung skizzieren und den Umfang der zu dieser Sitzung notwendigen Literatur umreißen. Häufig werden die Arbeitspläne durch den wissenschaftlichen ‚Handapparat' ergänzt. Es handelt sich hierbei um eine in der Bibliothek für die Dauer der Lehrveranstaltung gesondert aufgestellte Sammlung der wichtigsten Literatur zum Thema. Darüber hinaus stellen manche Institute (wie auch die Universitätsbibliotheken) häufig benutzte Texte in ihren Lehrbuchsammlungen in Mehrfachexemplaren bereit. Diese Texte sind meist auch längerfristig ausleihbar.

Erste Informationen über die verfügbaren Studienhilfen erhält man am ‚schwarzen Brett' des Instituts bzw. in den Sekretariaten, im übrigen in den heute fast überall obligatorischen Studienberatungen. Über Studienanforderungen, Studienaufbau und mögliche Studienabschlüsse informiert die Studienordnung des Faches.

Weitere Arbeits- und Forschungshilfen

Reichen zur Vorbereitung eines Arbeitsprojektes die unmittelbar in den Lehrveranstaltungen, durch die jeweiligen Arbeitspläne, Handapparate, Literaturlisten u. ä. vermittelten Hilfen nicht mehr aus, so muß man sich mit Beständen, Bestandserschließung und Ordnung der erreichbaren Bibliotheken vertraut machen (genaueres dazu siehe auf S. 46–59). Oft haben neben der eigenen Institutsbibliothek und der Universitätsbibliothek auch städtische oder Landesbibliotheken wertvolle Bestände. Im übrigen muß man sich, um Materialien auch in eigener Initiative auffinden zu können, im Umgang mit den wichtigsten bibliographischen Hilfsmitteln üben (siehe dazu auch S. 59–74).

Als wirksame Arbeitshilfe insbesondere für das Grundstudium haben sich auch einführende Bibliographien erwiesen. Sie gehen meist von den Beständen der eigenen Institutsbibliothek aus und informieren über die wichtigsten Handbücher, Nachschlagewerke, Fachzeitschriften und Bibliographien. Besonders wertvoll ist eine solche Bücherkunde, wenn sie als *bibliographie raisonnée* mit erläuternden, wertenden und ergänzenden Kommentaren versehen ist und so dem Studenten die Auswahl- (und vielleicht auch Kauf-)entscheidung erleichtert.

Nützlich sind in einführenden Bibliographien der eben beschriebenen Art auch Hinweise auf die in Fachzeitschriften geführten ,*work in progress*'-Dokumentationen. Sie informieren über in Vorbereitung befindliche, also noch nicht abgeschlossene bzw. veröffentlichte Dissertationen und andere Forschungsprojekte. Rechtzeitige Durchsicht dieser Dokumentationen trägt dazu bei, böse Überraschungen in Hinblick auf die unbeabsichtigte Doppelbehandlung eines Themas zu vermeiden. Zu spätes Bemerken solcher thematischen Doppelung kann Jahre eigener wissenschaftlicher Arbeit zunichte machen.

Literatursuche

Für eine erfolgreiche Literatursuche bedarf es gründlicher Vertrautheit mit den verschiedenen Bibliothekstypen, ihrer Benutzungsweise und ihren Informationseinrichtungen, den wissenschaftlichen Standardbibliographien und dem jüngsten Stand der Dokumentation. Kenntnisse in diesen Bereichen werden beispielsweise an amerikanischen Universitäten seit langem vermittelt. In Deutschland hat sich die Einsicht, daß ein entsprechendes Training an den Anfang des Grundstudiums gehört, noch längst nicht in allen Studiengängen durchgesetzt.

Bibliothekstypen

Das deutsche Bibliothekswesen unterscheidet zwei große Haupttypen von Bibliotheken: wissenschaftliche Bibliotheken und öffentliche Bibliotheken, die sich mit unterschiedlichen Aufgaben zu einem gemeinsamen Bibliothekssystem ergänzen sollen, um den unterschiedlichen Interessen der Benutzer gerecht zu werden.

Die wissenschaftlichen Bibliotheken versorgen vorwiegend wissenschaftlich arbeitende Benutzer mit der notwendigen Literatur, sie bilden die Grundlage für Studium, Forschung und Lehre. In der Regel haben sie Archivcharakter, d. h., die erworbenen Werke werden auf Dauer aufbewahrt und nicht nach dem Aktualitätsprinzip ausgesondert. Ihre Bestände erweitern sich daher ständig und erfordern besonders präzise Katalogisierung. Aufgrund des Umfangs der Sammelgebiete sind die wissenschaftlichen Bibliotheken zu unterscheiden in wissenschaftliche Allgemeinbibliotheken (auch: Universalbibliotheken), die Literatur aller Wissensgebiete sammeln, und die Spezialbibliotheken (auch: Fachbibliotheken), die durch gezieltes Sammeln der auf ein spezifisches Fach bezogenen Literatur charakterisiert sind. Eine weitere Differenzierung der wissenschaftlichen Bibliotheken ergibt sich aus regionalem oder überregionalem Wirkungsbereich sowie den speziellen Aufgabenstellungen von Universitäts- und Hochschulbibliotheken, Institutsbibliotheken, Behörden- oder Verwaltungsbibliotheken, Werksbibliotheken u. a. m..

Öffentliche Bibliotheken stellen ihren Bestand der gesamten Öffentlichkeit zur Verfügung; dementsprechend ist die Art ihrer Literaturversorgung und ihres Bestandsaufbaus von universellem, allgemeinbildendem Charakter. Sie befriedigen sowohl Ansprüche des Lesers auf Unterhaltung wie auch auf Literatur, die der allgemeinen, politischen oder beruflichen Bildung dient. Im Gegensatz zu den wissenschaftlichen Allgemeinbibliotheken haben sie meist keine Archivfunktion, d. h. ihr Bestand wird dem aktuellen Angebot angepaßt. Veraltete oder zerlesene Bücher werden ausgesondert.

Eine strenge Unterscheidung zwischen der Funktion wissenschaftlicher Bibliotheken („sie dienen allein der wissenschaftlichen Forschung") und der öffentlicher Bibliotheken („sie stellen nur Material für die allgemeine Bildung zur Verfügung") ist in der Praxis nicht ganz zutreffend, wie leicht an den großen wissenschaftlichen Allgemeinbibliotheken (wie Staats- und Universitätsbibliotheken) zu zeigen ist. Sind die Übergänge zwischen beiden Typen auch fließend, so muß der Studierende doch ihre Hauptfunktionen kennen, um zu wissen, welche Fragestellungen von welchem Bibliothekstypus am besten zu lösen sind.

Um eine möglichst vielseitige Literaturversorgung zu erreichen, arbeiten beide Kategorien von Bibliotheken im Verbund. Sie stellen ihren Benutzern Literatur anderer Bibliotheken zur Verfügung, die sie zuvor durch den örtlichen oder auswärtigen Leihverkehr angefordert haben (siehe S. 48–50).

Bibliotheksbenutzung

Die Bedingungen, unter denen die Bestände einer Bibliothek benutzt werden können, setzt die Benutzungsordnung fest. Sie wird vom Unterhaltsträger der Bibliothek erlassen und regelt Rechte und

Pflichten der Benutzer. Sie gilt entweder ohne ausdrückliche Anerkennung (Unterschrift) des Benutzers oder sie wird ihm bei der Ausstellung seines Benutzerausweises vorgelegt, und er anerkennt ihre rechtliche Bindung durch seine Unterschrift. In der Benutzungsordnung finden sich in der Regel auch Angaben über Leihfristen und gegebenenfalls Gebühren (auch Mahngebühren) der Bibliothek.

Praktische Hinweise für eine effektive Bibliotheksbenutzung gibt die Benutzungsanleitung, die oft mit einem Bibliotheksführer verbunden ist, der zugleich eine erste Einführung in die Bestände der Bibliothek bietet. Benutzungsordnung und Bibliotheksführer oder Benutzungsanleitung sollte der Benutzer vor dem Bibliotheksbesuch gelesen haben. Die Praxis zeigt, daß viel wertvolle Zeit sowohl seitens des Benutzers als auch seitens des Bibliothekspersonals darauf verwandt werden muß, diese grundlegenden Informationen ständig zu wiederholen.

Neben der schriftlichen Information bieten viele größere Bibliotheken auch Führungen an. Dabei werden dem Benutzer Abteilungsaufbau, Eigenheiten der Kataloge, Ausleihverfahren und sonstige Dienstleistungen der Bibliothek erläutert. Es setzt sich immer mehr durch, daß Dozenten nach Absprache mit den Bibliothekaren für eine der ersten Semestersitzungen eine Bibliotheksführung vereinbaren, um ihren Studenten an Ort und Stelle einschlägige Hinweise zu vermitteln. Führungen empfehlen sich nicht nur für Anfangssemester, sondern grundsätzlich für jeden Benutzer, der eine bestimmte Bibliothek zum ersten Mal benutzt, denn trotz Ähnlichkeiten in Aufbau und Katalogstruktur sind die Bibliotheken doch unterschiedlich angelegt; Kenntnis dieser Unterschiede hilft in jedem Fall, Zeitverluste zu vermeiden.

Für den Studierenden bestehen zwei wesentliche Möglichkeiten der Benutzung der Bibliotheksbestände: 1) die ausschließliche Benutzung in der Bibliothek, die bei reinen Präsenzbibliotheken die alleinige Benutzungsart ist, und 2) die Ausleihe der Bestände. In Bibliotheken, die vorwiegend Ausleihcharakter haben, kommt der Lesesaalbenutzung erhöhte Bedeutung zu. Dort sind die wichtigsten Nachschlagewerke und andere häufig benutzte Bücher wie Quellenwerke, Hand- und Lehrbücher sowie die laufenden Zeitschriften konzentriert in sachlicher Ordnung aufgestellt und für den Benutzer frei zugänglich. Selbstverständlich können solche Werke nicht oder nur zu Zeiten ausgeliehen werden, in denen die Bibliothek geschlossen ist, da sie sonst dem Zugriff anderer Benutzer entzogen sind.

Meist sind im Lesesaalbereich auch Handapparate der Dozenten aufgestellt, in denen für eine Lehrveranstaltung benötigte Literatur für ein Semester zusammengefaßt wird und unter denselben Bedingungen wie die sonstigen Lesesaalbestände den Benutzern zur Verfügung steht. Häufig benötigte Literatur wie wichtige Lehrbücher wird oft in Mehrfachexemplaren angeschafft. Ein Teil wird dann als Präsenzbestand zur Verfügung gestellt, der andere zur Ausleihe freigegeben. So sind in den letzten Jahren insbesondere an Universitätsbibliotheken Lehrbuchsammlungen entstanden, die bei viel gefragter Literatur, die man nicht selbst erwerben möchte, genutzt werden können. Häufig sind hier im Gegensatz zur normalen Leihfrist Sonderleihfristen eingeräumt, so daß Benutzer diese Texte für einen erheblich längeren Zeitraum ausleihen können.

In der Praxis sind Mischformen des Präsenz- und des Ausleihsystems anzutreffen und auch vorteilhaft. Während die Literaturbenutzung in der Bibliothek oft ohne besondere Formalität möglich ist, ist die Voraussetzung zur Ausleihe stets ein Benutzerausweis, der je nach Typ der Bibliothek entweder unter Vorlage des Personalausweises oder des Studentenausweises ausgestellt wird. Neuerdings gilt der Studentenausweis in vielen Bibliotheken auch als Benutzerausweis. Gleichzeitig verpflichtet sich der Benutzer in der Regel durch Unterschrift, die Benutzungsordnung anzuerkennen. Der Ausweis wird meist befristet ausgestellt und muß unter Prüfung der ursprünglichen Angaben in bestimmten Abständen verlängert werden. Entscheidend für die Ausleihe der Literatur ist ihre Aufstellung in der Bibliothek. Hier stehen sich Magazinaufstellung und Freihandaufstellung gegenüber. Will der Benutzer ein Buch aus dem Magazinbestand ausleihen, muß er es auf einem Bestellschein bestellen. Nach Erhalt des Buches gilt dieser Bestellschein als Quittung, die der Entleiher nach Rückgabe zur Entlastung zurückerhält. Der Bibliotheksdienst sucht das schriftlich bestellte Buch aus dem Magazin heraus und stellt es dem Benutzer zur Ausleihe zur Verfügung. In der Freihandaufstellung geht der Benutzer selbst an das Regal und holt die gewünschten Bücher in die Leihstelle.

Dem konventionellen Bestellverfahren steht die Sofortausleihe gegenüber, die sich in den großen wissenschaftlichen Bibliotheken mit geschlossenen Magazinen immer mehr durchsetzt. Hier wird der vollständig ausgefüllte Bestellschein in der Leihstelle oder im Lesesaal abgegeben und die angeforderte Literatur in sehr kurzer Zeit bereitgestellt.

Bei der Ausleihe am Ort (die entliehenen Werke stehen in der Bibliothek zur Verfügung und werden nur zur Benutzung am Bibliotheksort ausgegeben) muß der Benutzer die Bücher nach Ablauf der Leihfrist zurückgeben. Falls keine Vorbestellung eines anderen Benutzers vorliegt, können die Bücher auch verlängert werden. Bei Überschreitung der Leihfrist muß der Benutzer mit Säumnisgebühren rechnen. Die genauen Bestimmungen sind in der jeweiligen Benutzungsordnung enthalten.

Ist gesuchte Literatur nicht in einer Bibliothek vorhanden, so kann sie nach vollständigem und richtigem Ausfüllen eines Leihscheins in vielen Fällen über den Leihverkehr dem Benutzer nachgewiesen und zur Verfügung gestellt werden. Die Bibliotheken arbeiten hier im kommunalen, regionalen und überregionalen Verbundsystem. Bibliographien, Zentralkataloge, Sammelkataloge, gedruckte Bibliothekskataloge, Bestandsverzeichnisse und Verzeichnisse der Sammelgebiete bilden die Arbeitsgrundlage für die Fernleihe. Wenn ein benötigtes Buch nicht aus der Bundesrepublik beschafft werden kann, kann der internationale Leihverkehr in Anspruch genommen und das Buch gegebenenfalls aus dem Ausland besorgt werden.

Bestandserschließung der Bibliotheken

Der Bibliotheksbenutzer hat mit zwei grundsätzlich verschiedenen Ausgangssituationen der Literaturermittlung zu rechnen: 1) Er sucht ein bestimmtes Buch, dessen Verfasser und Titel ihm bekannt sind. 2) Er sucht Bücher über ein bestimmtes Thema oder zu einem bestimmten Fachgebiet. In beiden Fällen laufen die Ermittlungen über die Bibliothekskataloge, in denen im allgemeinen nur selbständig erschienene Veröffentlichungen verzeichnet sind (zur Suche nach unselbständig erschienenen Veröffentlichungen siehe S. 69–74). Die Bibliothekskataloge sind Verzeichnisse des Bibliotheksbestandes und ordnen ihn entsprechend der ersten Fragestellung alphabetisch nach Verfassern oder Sachtiteln oder entsprechend der zweiten nach sachlich-inhaltlichen Gesichtspunkten. Entsprechend dieser inneren Ordnung lassen sich vier Katalogtypen unterscheiden, die verschiedene Aufgaben erfüllen:

1) Alphabetischer Katalog (Formalkatalog),
2) Systematischer Katalog,
3) Schlagwortkatalog,
4) Standortkatalog.

Alphabetischer Katalog

Der Alphabetische Katalog (AK, in einigen Bibliotheken auch Formal-, Autoren-, Verfasser-, Titel-, Bücher- oder Monographienkatalog genannt) erfaßt die in der Bibliothek vorhandenen Bücher nach formalen Gesichtspunkten, d. h. nach Verfassernamen eines Werkes oder, bei verfasserlosen Schriften, nach dem Sachtitel (der sachlichen Benennung dieses Werkes). Verfasser und Ordnungswörter des Sachtitels werden in einem durchgehenden Alphabet geordnet. Jedes vorhandene Buch wird dabei mit allen bibliographischen Angaben durch eine Titelaufnahme nach bestimmten Katalogisierungsregeln beschrieben und kann so identifiziert werden. Wesentlich für die eindeutige Erfassung sind vor allem Verfassernamen, Sachtitel, Auflagebezeichnung, Erscheinungsort, Verlag, Erscheinungsjahr und Seitenzahl. Es handelt sich hier um einen Alphabetischen Verfasser- und Titelkatalog, im Gegensatz zum Alphabetischen Schlagwortkatalog. Letzterer ordnet, wie noch zu zeigen sein wird, sein Material alphabetisch nach den Schlagworten, die es inhaltlich erschließen. Die Bezeichnung Alphabetischer Katalog (AK) ist jedoch für den Verfasserkatalog allgemein gebräuchlich und meint diesen titelbeschreibenden Katalog, der auf die drei am häufigsten gestellten Fragen Auskunft gibt:

1) Ist ein bestimmtes, dem Verfasser und/oder Sachtitel nach bekanntes Werk in der Bibliothek vorhanden?
2) Welche Werke eines bestimmten Verfassers sind in der Bibliothek vorhanden?
3) Welche Ausgaben eines bestimmten Werkes besitzt die Bibliothek?

Die meisten wissenschaftlichen Bibliotheken in Deutschland erstellen die Titelaufnahmen noch gemäß den *Instruktionen für die alphabetischen Kataloge der preußischen Bibliotheken*, den *Preußischen Instruktionen*. Eine ihrer Vorschriften – die Einordnung des Titelmaterials in den AK nach dem grammatikalisch-logischen Prinzip der Wortfolge – sollte jeder Benutzer kennen, um gesuchtes Material im AK rasch zu finden. Erstes Ordnungswort ist hierbei in der Regel ein Substantiv, und zwar das *substantivum regens*, d. h. das erste grammatikalisch unabhängige Substantiv des Sachtitels. Allerdings müssen andere Ordnungswörter des Sachtitels zur Einordnung hinzugezogen werden, wenn mehrere Bücher das gleiche Ordnungswort haben. Diese Ordnungsvorschriften gelten für die Einordnung von Sachtiteln sowie punktuell auch für die Ordnung mehrerer Schriften eines

Verfassers untereinander. Zeitschriften sind meist ebenfalls im AK nachgewiesen, in größeren Bibliotheken wird jedoch ein separater Zeitschriftenkatalog geführt. Die alphabetische Folge zweier Zeitschriften

Zeitschrift für elektronische Datenverarbeitung
Zeitschrift für physikalische und technische Chemie

in einem nach den *Preußischen Instruktionen* geführten AK wäre z. B.:

Zeitschrift Chemie physikalische
Zeitschrift Datenverarbeitung elektronische

(vgl. dazu die Ordnung nach der mechanischen Wortfolge).

Diese komplizierten Regelungen stehen im Gegensatz zu der an ausländischen Bibliotheken allgemein üblichen Praxis der gegebenen Wortfolge, auch mechanische Wortfolge genannt, die sich auch in Deutschland mit der Einführung eines neuen Regelwerks für die alphabetische Katalogisierung durchsetzen wird. Nach dieser Vorschrift ist die Reihenfolge der Wörter des Titels, so wie sie im Buch vorliegt, für die Einordnung des Titels in den AK maßgebend. Eine Gegenüberstellung dieses Ordnungsprinzips mit der Wortfolge nach den *Preußischen Instruktionen* verdeutlicht die Notwendigkeit, sich mit der Regelpraxis des Katalogs vertraut zu machen, wenn man die gesuchte Literatur schnell und sicher im Katalog finden will. Die grammatikalische Wortfolge lautet für die zitierten Beispiele:

[1]*Zeitschrift für* [3]*physikalische und* [4]*technische* [2]*Chemie*
[1]*Zeitschrift für* [3]*elektronische* [2]*Datenverarbeitung*

Nach diesem Prinzip werden bestimmte Wortarten wie Artikel, Präpositionen und Konjunktionen für die Einordnung in den meisten Fällen nicht berücksichtigt. Die mechanische Wortfolge hingegen lautet:

[1]*Zeitschrift* [2]*für* [3]*elektronische* [4]*Datenverarbeitung*
[1]*Zeitschrift* [2]*für* [3]*physikalische* [4]*und* [5]*technische* [6]*Chemie*

In manchen Bibliotheken wird die mechanische Wortfolge mit Einschränkungen praktiziert, etwa unter Übergehung einleitender Artikel oder auch bestimmter unwichtiger Wortarten innerhalb eines Titels.

Die unterschiedlichen Regelwerke bedingen unterschiedliche Einordnungen eines Titels im Katalog, wie die beiden angeführten Beispiele zeigen. Bei der Menge des Titelmaterials einer Bibliothek kann viel Sucharbeit vermieden werden, wenn man sich zunächst informiert, welches Regelwerk mit welcher Wortfolge die Ordnung des Katalogs bestimmt.

Sachkataloge, Sonderkataloge

Als zweite große Gruppe der Katalogtypen einer Bibliothek stehen dem Benutzer die Sachkataloge zur Verfügung, die die Bücher nach ihrem Inhalt erschließen. Sie geben Auskunft auf die Frage, welche Bücher zu einem bestimmten Sachgebiet oder über ein bestimmtes Thema in der Bibliothek zur Verfügung stehen. In der Gruppe der Sachkataloge sind zwei Arten zu unterscheiden:
1) der Systematische Katalog,
2) der Schlagwortkatalog.
In einer Bibliothek, in der die Bestände nicht frei zugänglich aufgestellt sind, stellen die Sachkataloge das primäre Mittel dar, den Bestand nach inhaltlichen Gesichtspunkten zu erschließen.

Der Systematische Katalog (je nach Bibliothek auch als Standortkatalog, Fachkatalog, seltener Wissenschaftskatalog, veraltet Realkatalog bezeichnet) wird nach einer vorher ausgearbeiteten Klassifikation (häufig noch Systematik genannt) geführt. Diese Klassifikation verwendet eine systematische Ordnung der Wissensgebiete, denen eine Bibliothek dient, verwendet aber vor allem auch formale Gesichtspunkte[1], um so zuverlässiges und schnelles Auffinden der in der Bibliothek vorhandenen Literatur zu ermöglichen. Der Vorteil des Systematischen Katalogs ist, daß er im Gegensatz zum Schlagwortkatalog inhaltlich oder formal zusammengehörende Literatur vereinigt und ihren Stellenwert innerhalb eines größeren Sachgebietes zeigt, da die meisten Klassifikationen z. B. von den Hauptbegriffen der Wissenschaften ausgehen und diese dann in speziellere Begriffe untergliedern. Die verschiedenen Gruppen und Unterteilungen werden durch Notationen (Symbole) bezeichnet, die meist aus einer Kombination von Buchstaben und/oder Ziffern bestehen. Je nach

---

[1] Solche formalen oder bibliothekarischen Kategorien beziehen sich vor allem auf die Erscheinungsform der Literatur. Dazu gehören z. B. Zeitschriften, Bibliographien, Wörterbücher, Lexika, Biographien, daneben auch unselbständig erschienene Schriften wie z. B. Aufsätze und Artikel, deren Erschließung durch Informationsdienste erfolgt. Die in der Bibliothek vorhandene Literatur wird häufig nicht nur unter diesen formalen Ordnungskategorien, sondern auch unter den Namen von Personen, Institutionen oder Orten nachgewiesen.

Bedarf kann die Klassifikation unterschiedlich fein gegliedert sein. Außerdem müssen Umfang des Bibliotheksbestandes, Ausbau von Sammelschwerpunkten oder spezielle Interessen der Benutzer berücksichtigt werden. Das Schema einer bibliothekarischen Klassifikation unterscheidet sich deshalb immer von einem Wissenschaftssystem, denn es soll Büchermengen unter sachlichen Gesichtspunkten ordnen und nicht nur eine wissenschaftssystematische Aufgliederung nach Fachgruppen, Fächern und Disziplinen geben.

Im Ausland arbeiten auch Bibliotheken, in der Bundesrepublik fast nur Dokumentationseinrichtungen mit Einheitsklassifikationen, die dem Benutzer den systematischen Zugang erleichtern, findet er doch in den jeweils angeschlossenen Bibliotheken die gesuchte Literatur an der einmal erkannten Systemstelle. Hier muß noch einmal kurz auf die Dezimalklassifikation (DK) eingegangen werden, die – wenn auch in deutschen Bibliotheken kaum eingeführt – doch eine vor allem in naturwissenschaftlichen, technischen und medizinischen Bereichen weit verbreitete, in vielen Bibliographien und Referatediensten international verwendete, sehr fein gegliederte Ordnung darstellt. In den USA ist sie als *Dewey Decimal Classification* entstanden und in Gebrauch. Sie wurde in Europa abgewandelt zur *Brüsseler Dezimalklassifikation* oder *Universellen Dezimalklassifikation*. Das Schema beruht auf dem Prinzip der Zehnerteilung, die Notationen bestehen aus Ziffern und Zeichen. Das gesamte menschliche Wissen ist in zehn Hauptgruppen unterteilt, die mit den Zahlen 0 bis 9 bezeichnet sind. Jede dieser Hauptgruppen wird wieder in Abteilungen unterteilt usw., so daß durch diese Zehnerteilung jeder Begriff vom Allgemeinen bis ins Speziellste zergliedert werden kann. Je enger ein Begriff wird, desto länger wird seine DK-Zahl. Da es bisher jedoch keine allgemein anerkannte Klassifikation über Grenzen hinweg für alle Bibliothekstypen gibt, muß sich auch hier wiederum der Benutzer einen Überblick über die in seiner Bibliothek angewandte Klassifikation verschaffen. Dazu kann er meist als Hilfsmittel Übersichten (auch: Tafeln, Schlüssel, Schemata, Systematiken genannt) heranziehen, mit deren Hilfe er sich über den Aufbau des Systematischen Katalogs oder eines interessierenden Teilgebiets informieren kann. Ein zum Systematischen Katalog gehörendes Schlagwortregister, das jeden Begriff der Klassifikation mit Angabe der Klasse (Systemstelle) aufführt, kann ebenfalls gute Dienste leisten. Es führt direkt an die betreffende Stelle im Systematischen Katalog heran, ohne den Umweg über den Systemzusammenhang und den Aufbau des Katalogs. Voraussetzung für die erfolgreiche

Suche ist, daß der Benutzer unter dem Begriff recherchiert, der in der Klassifikation als Schlagwort festgelegt ist. Es ist allerdings häufig sinnvoll, auch unter verwandten engeren oder weiteren Schlagwörtern zu suchen. Diese Art der Literatursuche ist jedoch nur dem Benutzer zu empfehlen, der benötigte Literatur unter geringem Zeitaufwand finden muß; ansonsten ermöglicht gerade das Verständnis der Klassifikation, auch benachbarte Systemstellen zu entdecken, die für die Literatursuche zu einem bestimmten Thema aufschlußreich sein können.

Ein Schlagwort im bibliothekarischen Sinn ist der möglichst kurze, aber genaue und vollständige Ausdruck für den sachlichen Inhalt einer Schrift. Wird ein Begriff dagegen dem Titel einer Schrift direkt entnommen, so bezeichnet man ihn als Stichwort. Der Benutzer muß weiterhin wissen, ob in dem Schlagwortkatalog die Titel nach dem Prinzip des engen oder weiten Schlagworts nachgewiesen werden, d. h. ob der gewonnene Begriff nach dem Alphabet unmittelbar in den Katalog eingearbeitet wird oder ob er unter einen übergeordneten Begriff gestellt wird. Je nach dem angewandten Prinzip kann ein Buchtitel über Schäferhunde unter dem engen Schlagwort ,Schäferhund‘ oder unter dem weiten Schlagwort ,Hund‘ katalogisiert sein.

Ordnet der Systematische Katalog die Literaturnachweise nach dem sachlichen Zusammenhang (Klassifikation oder Systematik), so ist der Schlagwortkatalog nach den formalen Prinzipien des Alphabets der Schlagwörter aufgebaut, weshalb er auch als alphabetischer Sachkatalog bezeichnet wird. Beide Sachkataloge unterscheiden sich demnach in formaler Hinsicht. Beide erschließen die vorhandenen Bücher zwar nach ihrem Sachinhalt; während aber bei dem Systematischen Katalog ein Titel in ein bis ins Detail (hierarchisch) untergliedertes Schema des Wissenschaftsbereichs eingegliedert wird, der Benutzer also deduktiv denken muß, um die gewünschte Systemstelle zu finden, löst der Schlagwortkatalog den Wissenschaftsbereich in Schlagwörter auf, die dann formal geordnet werden. Setzt man die Kenntnis der im Katalog gebräuchlichen Terminologie voraus, ist der Schlagwortkatalog dem gezielt suchenden Benutzer leichter zugänglich als der Systematische Katalog.

Wie das Register zum Systematischen Katalog dient auch der Schlagwortkatalog der raschen Information über die Literatur zu einem bestimmten Thema, nur führt er den Benutzer dadurch, daß er die Titel unter dem Schlagwort aufführt, direkt an die gesuchte

Literatur heran, während das Register (auch: Schlagwortindex) zum Systematischen Katalog lediglich bei jedem Schlagwort die Notation nennt, unter der sich dann im Katalog die entsprechenden Titel finden. Der Schlagwortkatalog läßt allerdings den systematischen Zusammenhang unberücksichtigt und muß mit vielen Verweisungen arbeiten. Als zweiter Sachkatalog ist er auch in wissenschaftlichen Bibliotheken eine ideale Ergänzung zu einem Systematischen Katalog. Detaillierte Informationen über den Schlagwortkatalog sind den in der Bibliographie genannten Titeln zu entnehmen.

Auch für Schlagwortkataloge gibt es kein international anerkanntes Regelwerk; es können also Unterschiede in der Terminologie des Katalogbearbeiters und der des Bibliotheksbenutzers auftreten, die meist dadurch aufgehoben werden können, daß der Benutzer versucht, über Synonymenbildung das gesuchte Schlagwort zu finden. In einigen Bibliotheken steht auch eine alphabetische Schlagwortliste (Thesaurus) der vom Bearbeiter verwendeten Schlagwörter zur Verfügung.

Der Standortkatalog verzeichnet die Bücher in der Anordnung, in der sie aufgestellt sind und gibt dem Benutzer durch Signaturen ihren Standort an (Standortsignatur). Der Standort richtet sich bei systematischer und Gruppenaufstellung nach den in den Büchern behandelten Gegenständen oder nach formalen Gesichtspunkten (vgl. S. 53, Anm. 1). Innerhalb jeder Aufstellungsgruppe werden die Bücher alphabetisch nach Verfassern oder Titeln, chronologisch nach Erscheinungsjahren oder nach anderen formalen Kriterien geordnet. Die Gruppenaufstellung ordnet die Bücher nur grob sachlich und dann nach laufenden Nummern und kombiniert insofern sachliche und mechanische Aufstellungsmethoden. Bei der mechanischen Aufstellung werden die Bücher ohne Berücksichtigung ihres Inhalts in derselben zufälligen Reihenfolge aufgestellt, in der sie in die Bibliothek kommen. Die Signatur ist hierbei identisch mit der laufenden Zugangsnummer *(numerus currens)*. Derart mechanisch aufgestellte Bibliotheken führen zur Sacherschließung dann häufig einen standortfreien Systematischen Katalog. Sie erlauben, sofern sie gut geführt sind, sehr spezielle und gründliche Literaturnachweise. Auch bei systematischer Aufstellung der Bestände und freiem Zugang zu ihnen sollte der Benutzer allerdings bei gezielter Literatursuche immer den Systematischen Katalog zur Information heranziehen, da er lückenlos über vorhandene Werke Auskunft gibt. Verläßt man sich allein auf die Information am Standort des Buches (Regal), geht man das Risiko ein, entliehene Werke zu übersehen.

In vielen Bibliotheken gibt es neben diesen Hauptkatalogen auch Spezialkataloge (Sonderkataloge), die bestimmte formale Sondergruppen des Bibliotheksbestandes verzeichnen, wie z. B. Landkarten, Schallplatten, Handschriften u. a. Auch Zeitschriften sind oft in eigenen Katalogen nachgewiesen. Diese Gruppen sind dann nicht im Alphabetischen Katalog zusätzlich aufgeführt. Daneben gibt es aber auch sonstige Sonderkataloge, die einzelne Titel aus dem Alphabetischen Katalog unter speziellen Gesichtspunkten im Zusammenhang nachweisen (Lesesaal, bibliographische Handbibliothek, biographische Kataloge, Regionalkataloge für die Literatur über eine bestimmte Region usw.).

Sonstige Materialien als Informationsträger

Neben Büchern, die den zahlenmäßig stärksten Teil des Bibliotheksbestandes ausmachen, sammeln Bibliotheken auch andere Materialien, die sich formal vom sonstigen Bestand abheben. Sie werden separat aufbewahrt, oft gesondert katalogisiert und erschlossen. Sie umfassen z. B. Kartensammlungen, Photos, Handschriften, Zeitungen, Bilder, Noten, audiovisuelle Medien (Dias, Tonbänder und Kassetten, Schallplatten, Videobänder), Mikroformen u. ä..

Während dem Benutzer in der Regel der Umgang mit dem sonstigen Material vertraut ist, hat er oft gegenüber Mikroformen eine gewisse Scheu zu überwinden. Deshalb und wegen der besonderen Bedeutung, die die Mikroformen in den letzten Jahren für den Bibliotheksbestand erlangt haben, sollen sie hier kurz vorgestellt werden.

Die Einführung der fotografischen Reproduktionstechniken hat dem Bibliothekswesen neue Möglichkeiten der Bestandsvermehrung erschlossen. In diesen Verfahren werden die Vorlagen (Bücher, Zeitschriften, Dokumente, Dissertationen) in starker fotografischer Verkleinerung auf Mikrofilme, Mikrofiches oder Mikrokarten reproduziert. Mit Hilfe eines geeigneten Lesegerätes können diese Aufnahmen wieder für das menschliche Auge lesbar gemacht werden. Meistens werden sie auf eine große Mattscheibe projiziert, vor der der Benutzer bequem sitzend das „Original" lesen kann. Inzwischen sind Lese-Kopier-Geräte *(reader-printer)* entwickelt worden, die es gestatten, bei geringen Unkosten (ca. DM -,15 pro Seite) Rückvergrößerungen der Aufnahmen auf Fotopapier herzustellen. Diese Lesegeräte stehen in Bibliotheken mit Mikroformbestand für den Benutzer bereit.

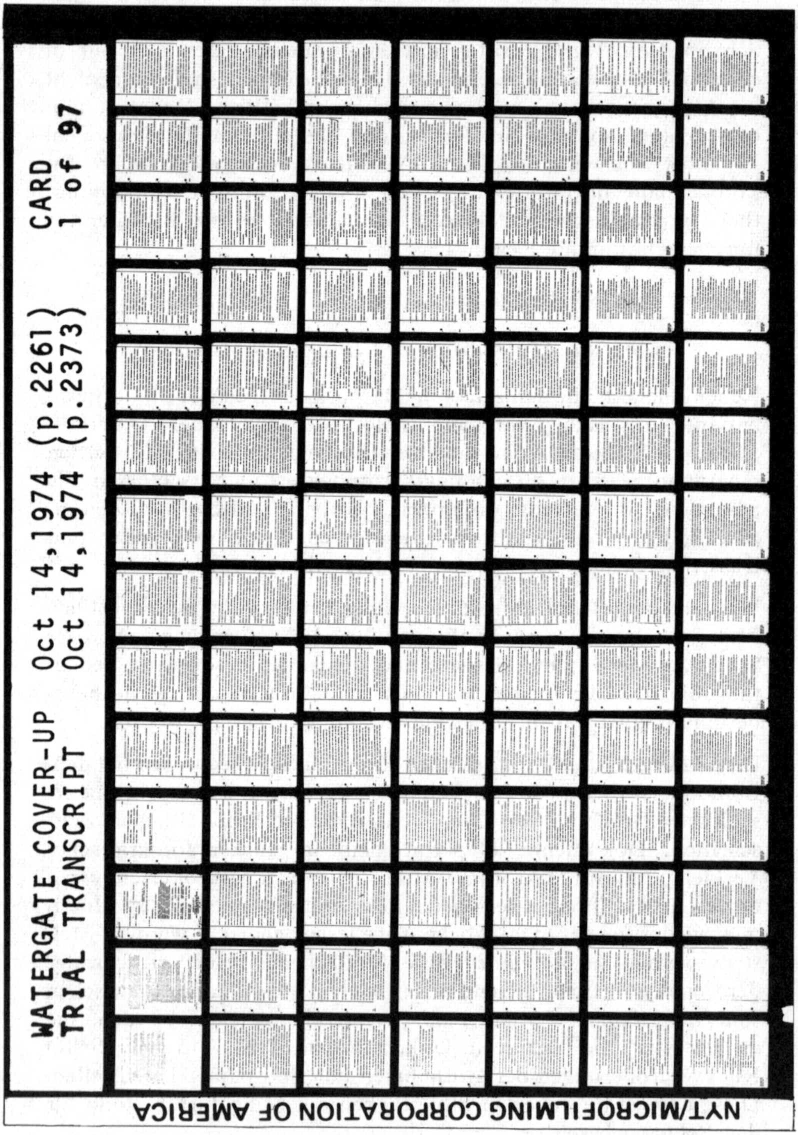
WATERGATE COVER-UP Oct 14,1974 (p.2261) CARD
TRIAL TRANSCRIPT Oct 14,1974 (p.2373) 1 of 97
NYT/MICROFILMING CORPORATION OF AMERICA

Der Mikrofilm (gewöhnlich ein 35-mm-Rollfilm) kann einen Verkleinerungsmaßstab von 1 : 10 bis 1 : 40 verwenden; die Aufnahmen liegen nebeneinander. Als Mikrofiches werden Planfilme in Karteikartengröße (DIN A 6) oder Katalogkartengröße (Internationales Bibliotheksformat 125 × 75 mm) bezeichnet, auf denen die verkleinerten Seiten des vorliegenden Textes reihenweise neben- und untereinander angeordnet sind. Je nach Verkleinerungsgrad können bis zu 200 Seiten der Textvorlage auf einem Mikrofiche aufgenommen sein. Bei Mikrokarten sind die verkleinerten Textseiten der Vorlage ebenfalls neben- und untereinander angeordnet, jedoch bestehen die Karten aus undurchsichtigem, beidseitig beschichtetem kartonstarkem Fotopapier. Da Mikrofiches und Mikrokarten auf der Kopfleiste die mit bloßem Auge lesbaren bibliographischen Angaben des Textes enthalten, lassen sie sich in für den Benutzer leicht zugänglichen Karteien aufbewahren. Es ist ratsam, sich über den Mikroformbestand und die dazugehörige technische Ausrüstung der erreichbaren Bibliotheken gründlich zu informieren und auch Mikroformen als einen selbstverständlichen Teil des Bibliotheksbestandes zu akzeptieren.

Bibliographische Nachschlagewerke: Terminologie

In diesem Abschnitt soll ein Überblick über die verschiedenen Arten und Formen der passiven Bibliographie, d. h. die Benutzung vorhandener Schrifttumsverzeichnisse, gegeben werden (zur aktiven Bibliographie, d. h. der Zusammenstellung und Bearbeitung von Schrifttumsverzeichnissen, siehe S. 169–178). Eine kurze Zusammenstellung der für den wissenschaftlich Arbeitenden wichtigsten bibliographischen Hilfsmittel soll nur einen ersten Einstieg in das weite Feld der Bibliographie ermöglichen.

Nach der Art der Erscheinungsweise unterscheidet man periodisch oder auch in zwangloser Folge laufend erscheinende und retrospektive Bibliographien. Die retrospektive (rückblickende) Bibliographie informiert über Literatur eines zurückliegenden Zeitabschnitts. Sie gilt damit als abgeschlossen, kann jedoch durch Supplemente (Ergänzungsbände) immer wieder auf den neuesten Stand gebracht werden. Die periodisch erscheindende (laufende) Bibliographie verzeichnet dagegen in bestimmten Zeitabständen immer wieder Neuerscheinungen.

Nach der Art (Herkunft, Inhalt, Gattung) des zusammengestellten Titelmaterials werden Allgemeinbibliographien und Fachbibliographien unterschieden. Der Inhalt des von der Allgemeinbibliographie erfaßten Materials erstreckt sich über alle oder mehrere Fächer oder Gegenstände. Für die Aufnahme sind formale Kriterien wie z. B. die Herkunft des Materials aus allen oder zumindest mehreren Ländern von Bedeutung. Die Fach- oder Spezialbibliographie dagegen erfaßt inhaltlich zusammengehörendes Titelmaterial, z. B. Literatur zu einem bestimmten Wissensgebiet und berücksichtigt manchmal zusätzlich das Kriterium der Erscheinungsform (Dissertation, Zeitschriftenaufsatz, selbständig erschienene Schrift o. ä.). Die bekannteste Form einer Allgemeinbibliographie stellen die nationalen Allgemeinbibliographien, die Nationalbibliographien dar, die das Schrifttum eines ganzen Landes oder das in einer bestimmten Sprache erfassen.

Hat dem Bearbeiter einer Bibliographie jedes von ihm genannte Werk vorgelegen, so spricht man von einer Primärbibliographie; ist das Material anderen Quellen entnommen, handelt es sich um eine Sekundärbibliographie.

Die Titelbibliographie (auch registrierende, reine oder anzeigende Bibliographie) nennt die Titel ohne Bemerkungen oder Hinweise des Bearbeiters, die annotierte charakterisiert das vorliegende Material kurz und prägnant. Sie ist vornehmlich in Fachbibliographien zu finden und kann deren Informationsgehalt erheblich erhöhen.

Neben den selbständigen Bibliographien in Buch- oder Heftform, als Kartei oder Loseblattausgabe haben die unselbständigen (versteckten) Bibliographien für die Literatursuche zu einem speziellen Thema erhebliche Bedeutung. Man findet diese Art der Fachbibliographie meist als Teil von Sammelwerken, in Zeitschriften, Fachenzyklopädien, Handbüchern und anderen Monographien. Wegen der Vielfalt der möglichen Arten und Formen solcher Bibliographien ist es von Nutzen, sich anhand von Vorwort oder Einführung gründlich über Absicht, Umfang, Eingrenzung und Aufbau des vorliegenden Literaturverzeichnisses zu informieren, um so den größtmöglichen Informationswert aus diesem für die wissenschaftliche Arbeit unentbehrlichen Hilfsmittel zu ziehen.

In der folgenden Zusammenstellung finden sich die wichtigsten Titel aus der Kategorie Allgemeinbibliographie. Einen Überblick über die Fachbibliographien auch nur zu versuchen, übersteigt den Rahmen dieser Publikation. Hinweise auf Auflösungen für verwendete Abkürzungen finden sich auf S. 132–138.

Bibliographien der Bibliographien

Mit der wachsenden Zahl von Druckschriften und ihren Verzeichnissen werden wiederum Verzeichnisse notwendig, die diese Materialien zusammenfassen. Es entstehen die Bibliographien der Bibliographien, die wegen der Fülle des Materials notwendigerweise mehr oder weniger stark auswählenden Charakter haben.

Zur Vorbereitung einer kürzeren Arbeit mit einübendem Charakter, z. B. einer Seminararbeit, wird man diese Informationsquellen kaum benötigen. Hier reichen in der Regel die Standardbibliographien des eigenen Faches, mit denen man sich schon während des Grundstudiums vertraut macht, völlig aus. Anders jedoch bei einer umfangreicheren Arbeit mit Forschungscharakter: Für ihre Vorbereitung ist es wichtig zu wissen, daß auch die renommierteste Fachbibliographie die Materialien eines Forschungsgebietes vor allem in Grenzbereichen zu anderen Disziplinen nicht immer mit letzter Zuverlässigkeit und Vollständigkeit erschließt. Gerade bei solchen Arbeiten aber kann lückenhafte Information über sämtliche das engere Forschungsgebiet bzw. den engeren Forschungszeitraum berührenden Materialien schwerwiegende Folgen haben. Also gilt es, rechtzeitig von sämtlichen die Primär- und Sekundärquellen des gewählten Gebietes erschließenden Übersichten Kenntnis zu nehmen. Bei dieser Ermittlung helfen die Bibliographien der Bibliographien, mit deren jeweiligen thematischen und chronologischen Gliederungen man sich vor der Benutzung vertraut machen muß. Einige der wichtigsten Informationsquellen dieser Art werden nachfolgend mit kurzen Erläuterungen vorgestellt.

Internationale Bibliographien der Bibliographien

Besterman, Theodore. *A World Bibliography of Bibliographies and of Bibliographical Catalogues, Calendars, Abstracts, Digests, Indexes, and the Like.* 4th ed., rev. and greatly enl. 5 vols. Lausanne, 1965–1966.

Reichhaltigste Bibliographie selbständig erschienener Bibliographien aller Art. Umfaßt ca. 117 000 Titeleintragungen. Retrospektiv. Nach Schlagwörtern geordnet. Alphabetischer Registerband.

Winchell, Constance Mabel. *Guide to Reference Books*. 8th ed. Chicago, 1967.

Zur 8. Aufl. sind bisher 3 Supplementbände erschienen: Suppl. 1 (1965–66), 1968; Suppl. 2 (1967–68), 1970; Suppl. 3 (1969–70), 1972. Systematische Anordnung; kumulierendes[1] Kreuzregister des jeweils letzten Supplementbandes. Annotationen bzw. Hinweise auf Besprechungen.

Totok, Wilhelm, Karl-Heinz Weimann u. Rolf Weitzel. *Handbuch der bibliographischen Nachschlagewerke*. 4., erw., völlig neu bearb. Aufl. Frankfurt/Main, 1972.

Auswählende Bibliographie der Bibliographien. Ca. 4 000 Buch- und Aufsatztitel. Unterteilung in Allgemeinbibliographien und Fachbibliographien. Kurze historisch-theoretische Einleitungen zu den Kapiteln. Fast alle Titel annotiert.

Malclès, Louise-Noëlle. *Les Sources du travail bibliographique*. T. 1–3, Genève & Lille, 1950–58.

Sehr umfassend. T. 1: Allgemeinbibliographien. T. 2: (in 2 Bänden) Geisteswissenschaftliche Fachbibliographien. T. 3: Naturwissenschaftliche und technische Fachbibliographien. Verfasser-, Titel- und Sachregister.

Bibliographic Index. A Cumulative Bibliography of Bibliographies, 1937-. New York, 1938-.

Periodisches Verzeichnis. Seit 1970 je ein Heft im April und August, Jahreskumulation im Dezember. Mehrjahreskumulationen. Nach Schlagwörtern gegliedert. Verzeichnet auch unselbständige Bibliographien aus Büchern und Zeitschriften. Sehr umfassend.

Schneider, Georg. *Handbuch der Bibliographie*. 4. gänzl. veränd. u. stark verm. Aufl. Leipzig, 1930. Neudr. (= 5. Aufl.) Stgt., 1969.

Verzeichnet Allgemeinbibliographien. Annotiert. Systemat. gegliedert. Die theoretisch-historische Einführung der 1. – 3. Aufl. ist als selbständiges Werk erschienen und fehlt in der 4. Aufl. Grundlegendes Werk, jedoch heute überholt.

---

[1] Kumulierende Publikationen (z. B. Bibliographien, Register) sind periodisch erscheinende Verzeichnisse, die alle zuvor erschienenen Verzeichnisse des Jahrgangs in einer durchgehenden Anordnung (meist alphabetisch) enthalten.

Deutschland: Bibliographien der Bibliographien

Bibliographie der versteckten Bibliographien aus deutschsprachigen Büchern und Zeitschriften der Jahre 1930–1953. Bearb. von der Deutschen Bücherei. Leipzig, 1956.

Nach Schlagwörtern geordnet. Ca. 13 000 Nachweise von unselbständig erschienenen Literaturzusammenstellungen, soweit sie mehr als 60 Titel umfassen. 1954– fortgesetzt u. d. T.:

Bibliographie der deutschen Bibliographien. Jahresverzeichnis versteckter und selbständiger Literaturverzeichnisse. Jg. 1–12 (1954–1965). Leipzig, 1957–1969.

Wechselnder Untertitel. Führt nun auch selbständige Bibliographien auf. Fortgesetzt als:

Bibliographie der deutschen Bibliographien und der im Ausland mit deutschem Titel, in deutschsprachigen Veröffentlichungen oder über Deutschland und Persönlichkeiten des deutschen Sprachgebietes erschienenen Bibliographien sowie wichtiger ungedruckter Literaturzusammenstellungen. Jg. 1, 1966–. Leipzig, 1966–.

Hrsg. von der Deutschen Bücherei. Titel wechselt. Monatl. Erscheinungsweise. Anlage nach Sachgruppen. Monatl. Schlagwortregister, die zu Jahresregistern kumulieren.

Ferner führen zahlreiche Fachzeitschriften aus den Gebieten Bibliothekswesen und Dokumentation laufende Bibliographien neuerschienener Bibliographien auf.

Bibliotheks-, Gesamt-, Zentralkataloge

Gedruckte Kataloge großer Bibliotheken sind ebenfalls wertvolle bibliographische Hilfsmittel, da sie gleichzeitig sowohl Bestandsnachweis der Bibliotheken als auch internationale Allgemeinbibliographien mit Auswahlcharakter sind. Sie können allerdings nur selbständige, d. h. unter eigenem Titelblatt erschienene Werke berücksichtigen und sind den Fachbibliographien an Aktualität meist unterlegen[1]. Die Kataloge der großen Nationalbibliotheken bieten

---

[1] Die Auswahl der Bibliographien, die der Benutzer zu Rate zieht, wird zunächst durch den Grad der Vollständigkeit bestimmt, der durch die Ermittlung erreicht werden soll. Aus der Fülle der bibliographischen Hilfsmittel kann der Benutzer durch die folgenden Erwägungen eine gewisse Vorauswahl treffen: – Fachrichtung des gesuchten Themas – Erscheinungszeitraum der Literatur – Art der Veröffentlichung (selbständige und unselbständige Schriften).

umfassende Information über die Publikationen der Länder, da die Verlage Pflichtexemplare jeder Publikation des Landes an bestimmte Bibliotheken abliefern müssen. Die Bibliotheken ihrerseits sind verpflichtet, diese Werke in ihren Katalogen nachzuweisen.

Im Gegensatz zu Bibliothekskatalogen weisen Gesamtkataloge, Sammelkataloge und Zentralkataloge die Bestände mehrerer Bibliotheken nach. Zentralkataloge können räumlich (national, regional oder lokal) oder fachlich begrenzt sein; außerdem sind auch Einschränkungen zeitlicher, formaler sowie inhaltlicher Art möglich. Beide Arten von Katalogen sind über die rein bibliographische Ermittlung hinaus für den Benutzer wegen der angegebenen Standorte der verzeichneten Literatur wertvoll. Zu nennen sind von den Bibliotheks-, Gesamt- und Zentralkatalogen u. a. die folgenden:

Gesamtkatalog der Preußischen Bibliotheken mit Nachweis des identischen Besitzes der Bayerischen Staatsbibliothek in München und der Nationalbibliothek in Wien (Bd. 9–14: Deutscher Gesamtkatalog.) Hrsg. von der Preußischen Staatsbibliothek. Bd. 1–14. Berlin, 1931–1939.

Verzeichnet vor 1930 erschienene Werke. Alphabetisch nach Verfassern und Anonyma gegliedert. Bd. 1–8 erfaßt die Bestände von ca. 18 wichtigen Bibliotheken. Ab Bd. 9 (Buchstabe B) wurden die Titel aus ca. 100 deutschen und österreichischen Bibliotheken aufgenommen. Titeländerung: *Deutscher Gesamtkatalog.* Mit dem 2. Weltkrieg bricht das wichtige Unternehmen ab.

Berliner Titeldrucke. Berlin, 1892–1944.
Titel wechselt: Bis 1910 *Verzeichnis der aus der neuerschienenen Literatur von der Königlichen Bibliothek zu Berlin* (seit 1898: *und den Preußischen Universitäts-Bibliotheken) erworbenen Druckschriften;* seit 1938: *Deutscher Gesamtkatalog. Neue Titel.* Nach dem 2. Weltkrieg fortgesetzt als:

Berliner Titeldrucke. Neue Folge. Zugänge aus der Sowjetunion und den europäischen Ländern der Volksdemokratie. Jahreskatalog 1954–1959. Berlin, 1956–62.

Berliner Titeldrucke. Neuerwerbungen ausländischer Literatur der wissenschaftlichen Bibliotheken der Deutschen Demokratischen Republik. Reihe A. B. Berlin, 1960–63.

Berliner Titeldrucke. Neuerwerbungen ausländischer Literatur wissenschaftlicher Bibliotheken der Deutschen Demokratischen Republik. Jahreskatalog 1964–. Berlin, 1965–.

Dazu als Hilfsmittel erschienen:

Namenschlüssel. Die Verweisungen zu Pseudonymen, Doppelnamen und Namensabwandlungen. 3. Ausg. Stand vom 1.7.1941. Berlin, 1941.

(Deutscher Gesamtkatalog. Neue Titel. 1941. Sonderband.) [Nebst] *Ergänzungen aus der Zeit vom 1. Juli 1941 bis 31. Dezember 1965. Bearb. von einem Mitarbeiter-Kollektiv der Deutschen Staatsbibliothek Berlin.* Hildesheim, 1968.

British Museum. General Catalogue of Printed Books. Photolithographic Edition to 1955. Vol. 1–263. London, 1959–66.

Verzeichnet alle zwischen 1455 und 1955 in einer westlichen Sprache erworbenen Titel. Neuzugänge und Korrekturen enthält:

British Museum. General Catalogue of Printed Books. Ten-year Supplement 1956–1965. Vol. 1–50. London, 1968.

Fortsetzung:

British Museum. General Catalogue of Printed Books. Five-year Supplement. London, 1971–.

Bisher erschienen: (1966–1970), 1971. Für 1971–75 geplant.

British Museum. Subject Index of Modern Books Acquired. Vol. 1–3 [nebst] Suppl. 1–. London, 1902–.

Titel wechselt. Oft unter G. K. Fortescue zitiert, dem Herausgeber von Vol. 1–3 (1881–1900); danach in Supplementen im Fünfjahresrhythmus. Anordnung: weites Schlagwort.

A Catalog of Books Represented by Library of Congress Printed Cards. Vol. 1–167 [nebst] Suppl. Vol. 1–42. Ann Arbor, 1942–48.

Library of Congress Author Catalog: A Cumulative List of Works Represented by Library of Congress Printed Cards, 1948–1952. Ann Arbor, 1953.

1956 erweitert zu:

The National Union Catalog. A Cumulative Author List Represented by Library of Congress Printed Cards and Titles Reported by Other American Libraries. Vol. 1–. Washington, 1956–.

Eingeschlossen werden Titel von ca. 500 anderen Bibliotheken Nordamerikas mit Besitzvermerken. Verzeichnet werden Bücher, Pamphlete, Karten, Atlanten, Zeitschriften und Serien. Filme, Schallplatten und Musikalien erscheinen in Sonderbänden. Erscheinungsweise: 9 Ausgaben/Jahr; 3 Vierteljahresausgaben und Jahreskumulation. Fünfjahreskumulationen.

The National Union Catalog. Pre–1956 Imprints. Vol. 1–. London, Chicago, 1968–.

Ersetzt die früheren Kataloge der *Library of Congress* und den *National Union Catalog* bis 1957.

National Union Catalog, 1956 through 1967. Vol. 1 –. Totowa, N. J., 1970 –.

Fortsetzung des vorherigen Titels. Sacherschließung durch den nach Schlagwörtern geordneten:

The Library of Congress Catalog. Books: Subjects. Vol. 1–. Washington, 1950–.

National Union Catalog… Register of Additional Locations. June, 1965–. Washington, 1965–.

Trägt zusätzliche Besitzvermerke nach, die nach den Kumulationen gemeldet wurden.

Catalogue général des livres imprimés de la Bibliothèque Nationale. Auteurs. T. 1–. Paris, 1897–.

Verfasserkatalog in alphabetischer Anordnung ohne Anonyma. Seit Bd. 189 werden nur noch bis 1959 katalogisierte Werke aufgenommen. Wird laufend fortgesetzt.

Bibliothèque Nationale. Catalogue général des livres imprimés. Auteurs, collectivités-auteurs, anonymes. 1960–1964. Paris, 1965–67.

Bietet Nachträge in veränderter Anlage und erweitertem Inhalt; erfaßt auch Anonyma und kollektive Verfasser. Soll in Fünfjahresausgaben weitergeführt werden.

Nationale Allgemeinbibliographien
(Nationalbibliographien)

Für die in den periodisch erscheinenden Nationalbibliographien angezeigten Titel dient meist das Werk selbst als Vorlage – es entsteht eine primäre Nationalbibliographie. Sie registriert einmal möglichst lückenlos die nationale Literatur unmittelbar nach ihrem Erscheinen (Aktualitätswert), zum anderen dient sie als Arbeitsgrundlage für den internationalen Buchmarkt. Als Allgemeinbibliographie berücksichtigt sie alle Sachgebiete. Allerdings kann sie formal auswählend sein; so können z. B. andere Schriftengattungen als Bücher oder außerhalb des Buchhandels erscheinende Titel in separaten Verzeichnissen aufgelistet sein.

Der Begriff „nationale Literatur" kann in den verschiedenen Nationalbibliographien unterschiedliche Bedeutung haben. Er kann Schrifttum eines Landes, auch Werke, die zwar in der Landessprache abgefaßt, jedoch im Ausland erschienen sind oder auch ausländische Werke, deren Inhalt sich auf das betreffende Land bezieht, umfassen.

Nationalbibliographien werden entweder von einer Nationalbibliothek oder von einer anderen staatlichen Organisation erstellt, die Empfänger der in den meisten Ländern gesetzlich vorgeschriebenen Pflichtexemplare ist. Sie können auch von einzelnen Verlagshäusern und Buchhändlerorganisationen zusammengestellt werden.

Im Rahmen dieses Kapitels sollen nur ausgewählte, laufend erscheinende (periodische) Nationalbibliographien der wichtigsten westlichen Länder genannt werden. Zur ausführlichen Übersicht über retrospektive Nationalbibliographien wird auf die oben S. 61–63 genannten Bibliographien der Bibliographien verwiesen. Seit dem 2. Weltkrieg gibt es in Deutschland zwei bibliographische Zentren: die Deutsche Bücherei in Leipzig (DDR) und die Deutsche Bibliothek in Frankfurt am Main. Beide verfolgen in ihrer bibliographischen Arbeit das Ziel, alle in beiden Teilen Deutschlands erschienenen sowie deutschsprachigen Bücher im Ausland in ihren Bibliographien zu melden. Trotz der Duplikationen sind sie in den Titeleintragungen nicht absolut identisch.

Leipzig

Deutsche Nationalbibliographie und Bibliographie des im Ausland erschienenen deutschsprachigen Schrifttums. Bearb. u. hrsg. von der Deutschen Bücherei. Reihe A. Reihe B. (1968–: u. C). Leipzig, 1946–.
Untertitel wechselt. Reihe A: *Neuerscheinungen des Buchhandels.* Wöchentlich. Reihe B: *Neuerscheinungen außerhalb des Buchhandels.* Halbmonatlich. Reihe C: *Dissertationen und Habilitationsschriften.* Erscheint seit 1968. Monatlich. Alle Reihen sind nach 24 Sachgruppen geordnet. Verfasser- und Stichwortregister zu jedem Heft. Vierteljahreskumulationen der Register zu A und B.

Deutsches Bücherverzeichnis. Verzeichnis der in Deutschland, in Österreich, in der Schweiz und im übrigen Ausland erschienenen deutschspra-

chigen Verlagsschriften nebst den wichtigeren außerhalb des Buchhandels erschienenen Veröffentlichungen und des innerhalb Deutschlands verlegten fremdsprachigen Schrifttums. Bd. 23–. Leipzig, 1952–.

Fortführung des *Deutschen Bücherverzeichnisses.* 1911–1940. Fünfjahreskumulation von Reihe A und B der *Deutschen Nationalbibliographie.* Unterteilt in 1. *Titelverzeichnis* (Verfasser- und anonyme Schriften) und 2. *Stich- und Schlagwortregister.*

Frankfurt am Main

Deutsche Bibliographie. Wöchentliches Verzeichnis. Jg. 1–. Frankfurt/ Main, 1947–.

1947–1952 u. d. T.: *Bibliographie der Deutschen Bibliothek.* Seit 1965: Reihe A: *Erscheinungen des Verlagsbuchhandels.* Wöchentlich. In 26 Sachgruppen alphabetische Ordnung von Verfasser- und anonymen Schriften. Verfasser- und Stichwortindices, die zu Monats- und Vierteljahresregistern kumulieren. Die Vierteljahresregister verzeichnen auch den Inhalt der *Österreichischen Bibliographie* und des *Schweizer Buchs;* diese Titel fehlen allerdings im Textteil.

Reihe B: Beilage: *Erscheinungen außerhalb des Verlagsbuchhandels.* Monatlich, seit 1966 halbmonatlich. Verfasser- und Stichwortregister kumulieren hier zu Jahresregistern. Nicht aufgeführt sind Hochschulschriften und österr. und schweizer. Veröffentlichungen. Reihe C: Beilage: *Karten.* Zweimonatlich. Verfasser- und Stichwortreg. sowie Register der Verleger und herausgebenden Körperschaften mit jährlichen Kumulationen.

Deutsche Bibliographie. Halbjahres-Verzeichnis. Bd. 1–. Frankfurt/ Main, 1951–.

Halbjahreskumulation des *Wöchentlichen Verzeichnisses.* Seit 1965 wird der Inhalt von Reihe A vollständig übernommen, Reihe B in Auswahl und Reihe C nicht mehr. Teil 1: Titelverzeichnis. Teil 2: Stich- und Schlagwortregister und systematische Übersicht der Schlagwörter; seit 1966 Stichwortreg., in separatem Band Schlagwortreg. und system. Übersicht der Schlagwörter.

Deutsche Bibliographie 1945/50–. *Bücher und Karten.* Frankfurt/ Main, 1953–.

Fünfjahreskumulation der *Deutschen Bibliographie.* Verzeichnet das innerhalb und außerhalb des Buchhandels erschienene Schrifttum Deutschlands und die deutschsprachigen Buchhandelsveröffentlichungen des Auslandes; Zeitschriften, Hochschulschriften und Musikalien werden nicht aufgenommen. Teil 1: Alphabetisches Verzeichnis nach Verfassern und anonymen Schriften. Teil 2: Stich- und Schlagwortreg.; systematische Übersicht der Schlagwörter.

Ausland

The British National Bibliography. Vol. 1–. London, 1950–.

Die offizielle britische Nationalbibliographie, die auf den Pflichtexemplar-
lieferungen an das Copyright Office des British Museum beruht. Systematische Anlage nach der Dewey Decimal Classification. Erscheinungsweise:
1) Wöchentlich; Verfasser- und Titelindex.
2) Monatlich; Verfasser-, Titel- und Schlagwortregister (seit 1971).
3) Mehrmonatskumulationen der wöchentlichen Verzeichnisse; Verfas-
ser-, Titel- und Schlagwortregister.
4) Jahreskumulation; Kreuzindex.
5) Mehrjahreskumulationen der Kreuzregister der Jahresverzeichnisse;
dient als Schlüssel zum *Cumulated Subject Catalogue.*
6) *Cumulated Subject Catalogue.* Kumulation des Titelteils der Jahresverzeichnisse.

U. S. Library of Congress. Siehe S. 65.

Cumulative Book Index. Vol. 1–. New York, 1898–.

Monatliche Erscheinungsweise. Vierteljahres- und Jahreskumulationen.
Erfaßt seit 1929 die gesamte englischsprachige Literatur der Welt. Kreuzka-
talogform mit Eintragungen unter Verfasser, Titel und Sachbegriff.

Bibliographie de la France. Biblio. Nr. 1–. Paris, 1811–.

Wöchentlich; jede Ausgabe besteht aus 3 Teilen:
1) *Bibliographie officielle.* Verzeichnet die Neuerscheinungen auf der
Basis der an die Bibliothèque Nationale gegebenen Pflichtexemplare.
Supplementbände, die nicht Bücher umfassen, ergänzen diesen Teil.
Nach den Hauptklassen der DK gegliedert. Verfasserreg.; Anonymen-
reg. Verschiedene Kumulationen.
2) *Chronique.* Informationen für Verlagswesen und Buchhandel.
3) *Annonces.* Verlagsanzeigen.

Zeitschriftenbibliographien

Für den wissenschaftlich Tätigen gewinnt die Erfassung von Zeitschriften seines Faches, ihre Inhaltserschließung und der Nachweis
der Verfügbarkeit bestimmter Zeitschriften innerhalb eines lokal
begrenzten Raumes immer stärker an Bedeutung. Diesen Zweck
erfüllen Zeitschriftenbibliographien und Zeitschriftenbestandsver-
zeichnisse. Aus der Vielfalt ihrer Erscheinungsformen werden hier
nur die internationalen allgemeinen Zeitschriftenbibliographien her-
ausgegriffen, die laufend erscheinen und über 1) Zeitschriftentitel,
2) Bestandsnachweise für Zeitschriften und 3) Zeitschrifteninhalt
informieren.

Bibliographien der Zeitschriftentitel

Ulrich's International Periodicals Directory. A Classified Guide to a Selected List of Current Periodicals, Foreign and Domestic. New York, 1932–.

Erscheint jetzt im Zweijahresrhythmus. Erfaßt laufende Zeitschriften mit mehr als einmaliger Ausgabe im Jahr. Schlagwortalphabet. Titel- und Schlagwortreg. Seit 1973 Dewey-Dezimalklassifikationsnummern den Titeln hinzugefügt. Register der seit der jeweils letzten Ausgabe eingestellten sowie der neuerschienenen Zeitschriften.

Zeitschriftenkataloge

Gesamtverzeichnis ausländischer Zeitschriften und Serien 1939–1958 (GAZS) bearb. u. hrsg. von der Staatsbibliothek der Stiftung Preußischer Kulturbesitz. T. 1–5. Wiesbaden, 1963–68.

Bestandsnachweis ausländischer Zeitschriften und Serien in den Bibliotheken der Bundesrepublik und Westberlins. Wichtiges Hilfsmittel für den auswärtigen Leihverkehr. Ergänzt und fortgesetzt in:

Gesamtverzeichnis ausländischer Zeitschriften und Serien. GAZS. Nachträge. Lfg. 1–. Marburg, 1966–.

Bibliographien des Zeitschrifteninhalts

Internationale Bibliographie der Zeitschriftenliteratur. Begr. von Felix Dietrich. Abt. A.B.C. Leipzig (1948–: Osnabrück), 1897–1964.

Die bedeutendste internationale allgemeine Bibliographie des Zeitschrifteninhalts.

Abt. A: *Bibliographie der deutschen Zeitschriftenliteratur mit Einschluß von Sammelwerken.* Bd. 1–128. 1897–1964.

Unter Schlagwörtern sind die Zeitschriftenaufsätze mit bibliographischen Daten nach Verfassern alphabetisch geordnet. Die Zeitschriftentitel sind verschlüsselt, eine Auflösung dieser Sigel leitet die Abt. A ein. Verfasserregister am Ende jedes Bandes. 20 Ergänzungsbände lassen die Berichtszeit 1861 beginnen.

Beilage zur Abt. A: *Verzeichnis von Aufsätzen aus deutschen Zeitungen.* Bd. 1–31. 1908/09–44. Bringt in Auswahl Aufsätze aus Tageszeitungen. Jährl. Verfasser- und Sachregister.

Abt. B: *Bibliographie der fremdsprachigen Zeitschriftenliteratur. Répertoire bibliographique international des revues. Index to Periodicals.* Bd. 1–22. 1911–1921/25. N. F. Bd. 1–51. 1925–64.

Anlage wie in Abt. A, erst ab N. F. Bd. 1, 1925/26 Verfasserreg. aufgenommen.

Abt. C: *Bibliographie der Rezensionen und Referate.* Bd. 1–77. 1900–43.

Bis 1924 Rezensionen und Besprechungen nur in deutscher Sprache, seit 1925 Rezensionen wichtiger deutsch- und fremdsprachiger Bücher und Karten in getrennten Bänden. Verfasseralphabet der besprochenen Werke. Aufschlüsselung der Sigel wie in Abt. A beschrieben.

Internationale Bibliographie der Zeitschriftenliteratur aus allen Gebieten des Wissens. International Bibliography of Periodical Literature Covering All Fields of Knowledge. Bibliographie internationale de la littérature périodique dans tous les domaines de la connaissance. Halbbd. 1–. Osnabrück, 1965–.

Vereinigung und gemeinsame Fortführung der Abt. A und B. Halbjährliche Erscheinungsweise.

Teil A: *Verzeichnis der berücksichtigten Zeitschriften.* (Sigelverzeichnis).

Teil B: *Verzeichnis der Zeitschriftenartikel nach Schlagwörtern.*

Teil C: *Verzeichnis der Zeitschriftenartikel nach Verfassern.* Seit 1969 Verfasserteil mit vollständigen Artikelangaben wie in Teil B.

Die ehemalige Abt. C erscheint seit 1971 selbständig als *Internationale Bibliographie der Rezensionen wissenschaftlicher Literatur. Hrsg. von Otto Zeller.* Jg. 1–. Osnabrück, 1971–.

Information und Dokumentation

Informationsaufkommen und Informationsbedarf wachsen heute exponentiell. Die vertrauten Formen bibliothekarischer Literaturerschließung allein halten damit längst nicht mehr Schritt. So sind neue Formen der Information und Dokumentation entstanden, die sich einer in explosiver Entwicklung und steter Veränderung begriffenen wissenschaftlichen Bedarfslage besser – und vor allem rascher – anzupassen vermögen.[1]

---

[1] Siehe die Schlagwörter „Bibliothekswissenschaft", „Dokumentation" und „Information", *Lexikon des Bibliothekswesens,* hg. Horst Kunze und Gotthard Rückl. 2., neubearb. Aufl. (Leipzig: Verl. f. Buch- u. Bibliothekswesen, 1974–75). Als neueste Veröffentlichung mit dem Ziel einer terminologischen Klärung sei genannt: *Terminologie der Information und Dokumentation,* hg. Komitee Terminologie und Sprachfragen (KTS) der DGD (München: Verlag Dokumentation, 1975).

Dokumentation läßt sich – etwas vereinfachend – definieren als methodisches, fortlaufendes Erschließen und zugleich Nachweisen des Inhalts von Dokumenten oder von Daten. Dazu gehört auch das Speichern der so gewonnenen Informationen – nicht aber das Sammeln und Bereitstellen der Informationsträger. Letzteres bleibt, in enger Zusammenarbeit mit den Dokumentationsstellen, Aufgabe von Bibliotheken und Archiven. Dokumentation dient der Rationalisierung von Literaturarbeit, der Bereitstellung und Bearbeitung von Informationen, der schnellen Vermittlung von Ideen und Fakten, ist also Voraussetzung, Instrument und Methode von Information.

Information umschließt die Er- und Vermittlung von Sachverhalten, Kenntnissen, Erkenntnissen und Erfahrungen, ebenso aber diese Sachverhalte selbst und Aussagen über ihre Informationsträger. Gewiß ist die Grenze zwischen Katalogen, Bibliographien und dokumentarischen Veröffentlichungen nicht scharf zu ziehen. Es setzt sich jedoch entschieden die Auffassung von einem Verbundsystem durch, in dem Bibliotheken Aufgaben der Beschaffung, Erschließung und Bereitstellung der Informationsträger, der Information über Literatur und durch Literatur erfüllen, während Dokumentationseinrichtungen die spezielle Literatur- sowie die Sachverhalts-, Tatsachen-, Fakten- und Dateninformation, z. T. durch gezielte, auftrags-, disziplin- oder projektorientierte Recherche erbringen. Dokumentations- und Informationstätigkeit bezieht sich stets auf begrenzte Wissensgebiete oder beruht auf einem sachlich begrenzten Auftrag. Die Ergebnisse können einmalig oder auch periodisch veröffentlicht werden.

Ein Schwerpunkt der dokumentarischen Erschließung liegt bei bibliographisch unselbständigen Schriften, d. h. besonders Zeitungs- und Zeitschriftenaufsätzen, Beiträgen zu Sammelwerken u. ä. (zur Unterscheidung von ‚selbständigen‘ und ‚unselbständigen‘ Schriften siehe S. 118–119). Für sehr viele Fachgebiete erscheinen Referateblätter, die die Neuerscheinungen des Berichtszeitraums systematisch geordnet referieren und durch zusätzliche Register erschließen. Nur einige können hier vorgestellt werden:

Chemical Abstracts. Vol. 1–. Easton, Pa. (Später) Columbus, Ohio, 1907–.

Das umfassendste chemische Referateblatt. Nach Sachgruppen geordnet. Mehrere Register.

Referativnyj žurnal. Moskva, 1953–.

Gruppe russischer Referateorgane, die zu zahlreichen einzelnen naturwissenschaftlichen und technischen Fächern über den Inhalt sowjetischer und nicht-sowjetischer Periodika berichten.

U.S. Government. *Research and Development Reports: A Semi-Monthly Abstract Journal for Science and Industry.* Vol. 1–. Springfield, Va., 1946–.

Referate aus Naturwissenschaft, Technik und Medizin. Nach Sachgruppen geordnet. Mehrere Register.

Excerpta Medica: The International Medical Abstracting Service. Amsterdam, 1947–.

Internationales Referateblatt. Zahlreiche Sektionen, die praktisch als Referateblätter für Einzelfächer der Medizin fungieren.

Referateblatt Staat und Recht. Jg. 1–. Potsdam, 1972–.

Enthält in Loseblattform ausführliche Referate und spezielle Literaturübersichten. Systematische Ordnung. Erscheint in vier Reihen. Vorgänger *Referatekartei Staat und Recht.* 1963–71.

Ein Nachteil der Referatedienste liegt in ihrer verzögerten Erscheinungs- bzw. Berichtszeit, die bis zu mehreren Jahren Rückstand führt. Ihr Vorteil liegt in der intensiven Literaturerschließung. Dokumentations- und Referatekarteien haben keine individuellen Register (für ‚Referat' als Synonym für ‚Seminararbeit' siehe S. 89–91). Sie sind für die Literatursuche nur anhand der Klassifikation geeignet.

Bibliothekskataloge und Referatedienste ergänzen sich für selbständige und unselbständige Literatur. Dabei bietet ein Referat intensivere und meist auch aktuellere Information als der Sachkatalog, der lediglich Titel nachweist. Schneller herzustellen sind bloße Titelübersichten, *Current Contents (Current Titles, Current Awareness –* Dienste), die deshalb auch aktueller als Referatedienste sein können. Sie sind wenig speziell, häufig aufgrund von Zeitschrifteninhaltsverzeichnissen erstellt, so daß der Benutzer nicht mehr die Zeitschriften selbst für seine Literaturauswahl benötigt. Zu erwähnen sind an dieser Stelle auch die Schnellinformationen, die in zwei Formen erscheinen, für wesentliche neue Entwicklungen einzelner Wissenschaften oder für mehr datenmäßige Informationen und Ergebnisse im Stil von *News Bulletins.* Vorteil dieser oft provisorischen Schnellinformationen ist ihr hoher Aktualitätswert.

Eine besondere Form der Literaturerschließung ist der *Citation Index,* der drei Funktionen bei der Literatursuche erfüllt:

1) Suche nach Sachverhalten unter dem Sachbegriff,
2) Studium der Entwicklung bestimmter Ideen,
3) Prüfung der Verbreitung und der fachlichen Wirksamkeit (Rezeption) von Aufsätzen. Als Beispiel sei der *Science Citation Index* seit 1961 genannt. Besonders ergiebig sind neben den bisher genannten retrospektiven Übersichten synthetisierende Berichte, Literaturberichte, Überblicksreferate, Situations- und Fortschrittsberichte in den einzelnen Disziplinen nach den (subjektiven) Maßstäben von Spezialisten eines Faches. Der Wert einer solchen Forschungschronik hängt ab von exakter Eingrenzung auf ein Gebiet und auf einen begrenzten Zeitraum, vom Vollständigkeitsgrad und den Auswahlkriterien des ,Wesentlichen'.

2 ZWEITER ARBEITSSCHRITT:

ENTWURF UND GLIEDERUNG DES MANUSKRIPTS

2.1 Problemeingrenzung und Projektgestaltung

Orientierungshilfen

Nachfolgend sollen einige Überlegungen zur Themeneingrenzung, Planung und Durchführung eines wissenschaftlichen Projektes, zur dynamischen Ordnung und Ablage des Materials sowie zur kontinuierlichen Erfolgskontrolle angestellt werden. Naturgemäß kann dieser schwierige, durch divergierende Arbeitsbedingungen und -methoden der einzelnen Disziplinen noch zusätzlich komplizierte Fragenbereich hier nur im Überblick behandelt werden. Im übrigen existiert dazu bereits eine umfangreiche, teilweise bis zu Grundfragen der Philosophie des Denkens vorstoßende Literatur. Erwähnt werden soll wenigstens Walter Kröbers immer noch anregende Pionierstudie zu diesem Komplex, *Kunst und Technik der geistigen Arbeit*, 7., durchges. Aufl. (Heidelberg: Quelle u. Meyer, 1971), dazu die verschiedenen Handbücher von Oskar Peter Spandl, der in seiner bereits erwähnten Anleitung *Die Organisation der wissenschaftlichen Arbeit* einen fünfteiligen Stufenplan für Projektdurchführungen entwirft, des weiteren der Aufriß von Arbeitsgängen in Walter Koch, *Die Doktorarbeit: Anleitung zur Anfertigung von Dissertationen und wissenschaftlichen Arbeiten, mit einem Korrekturschema*, 6., erw. Aufl. (München: Hueber, 1966) sowie das ausführliche, an einem Beispiel aus der Religionswissenschaft durchgespielte Projektmodell von Greschat und anderen in *Studium und wissenschaftliches Arbeiten*.

Themenfindung

In den Anfangsphasen der wissenschaftlichen Ausbildung, etwa an der Oberstufe des Gymnasiums oder während des Grundstudiums, schafft die Themenfindung für schriftliche Arbeiten in der Regel kaum Schwierigkeiten, sofern Themen zugeteilt werden oder aus einem begrenzten Katalog von Vorschlägen auswählbar sind. Zugleich bleibt die methodische Führung seitens der Lehrenden noch sehr deutlich. Je sicherer man jedoch in der Handhabung wissenschaftlicher Verfahrensweisen wird, desto mehr öffnet sich die Möglichkeit, in Stoffwahl, Zielsetzungen, methodischem Vorgehen eigenen Erkenntnisinteressen zu folgen. Spätestens auf der Haupt- oder Oberseminarstufe wird der Lehrende normalerweise individuellen Wünschen hinsichtlich Themenwahl und -gestaltung, soweit sie im Umfeld des zur Bearbeitung anstehenden Gruppenprojektes bleiben, entgegenkommen, da oft gerade aus einer besonderen Interessenlage frische Impulse für das ganze Projekt entstehen. Solche Ansätze können besonders fruchtbar sein, wenn der Studierende sie aus einem anderen ihm vertrauten Material- und Methodenbereich (beispielsweise von seinem Zweitfach her) auf die vorliegende Fragestellung überträgt. Schon ein flüchtiger Blick auf die Wissenschaftsgeschichte macht deutlich, daß das Zusammenspiel verschiedener, oft auf den ersten Blick weit voneinander entfernter Forschungsgebiete eine wesentliche Triebkraft des Erkenntnisfortschrittes darstellt.

Bei der Themenfindung für eine größere Arbeit liegt es nahe, vor allem auf solche Materialien und Fragestellungen zurückzugreifen, in die man – etwa im Rahmen einer ausbaufähig angelegten Seminararbeit – schon einen gewissen Einstieg gefunden hat. Ähnliches gilt für die Dissertation. Hier kann das Aufbauen auf einer Prüfungsarbeit (etwa einer überzeugend gestalteten Diplom-, Magister- oder Staatsarbeit) von großem Nutzen sein. Erstens kann die bereits in Hinblick auf Materialsichtung, methodische Überlegungen, Erarbeitung der zugehörigen Fachliteratur investierte Mühe die zeitliche Durchführung des Projektes erheblich beschleunigen, zweitens erhöht die bereits erfolgte Überprüfung des ersten Ansatzes auch die Erfolgschancen des größeren Unternehmens. Erwägt man also beim Studium als eigentliches Ziel die Promotion, so lohnt es doppelt, Themenwahl und Materialerarbeitung für die heute praktisch überall der Dissertation vorgeschaltete Diplom-, Magister- oder Staatsarbeit besonders weitsichtig vorzuplanen, um sich die Möglichkeit einer Ausweitung des Projektes offenzuhalten.

Problemformulierung

Der Gewinn an wissenschaftlicher Eigeninitiative bringt freilich auch, wie die erschreckend hohe Mißerfolgsquote noch nach erfolgreichem Grundstudium zeigt, einen erheblichen Zuwachs an Risiko.

Gewiß ist jede pauschale Diagnose solcher Mißerfolge fragwürdig. Es bestehen jedoch kaum Zweifel, daß ihre Ursachen viel seltener in mangelnder fachlicher Begabung als in vermeidbaren Fehlern der Projektplanung wie insbesondere der Problemeingrenzung zu suchen sind. Schwierigkeiten mit der Problemformulierung deuten fast immer auf eine unzureichende Problemeingrenzung hin. Gefährliche Fehleinschätzungen des eigenen Erkenntnisstandes – insbesondere bei termingebundenen Arbeiten – rühren von der Auffassung her, man habe eine Fragestellung fest im Griff und müsse sie ‚nur noch' formulieren. Wie jedoch jeder länger wissenschaftlich Tätige weiß, fangen mit dem Formulieren die Schwierigkeiten erst eigentlich an.

Eben darum sollte man Formulierungs- und damit zugleich präzise Eingrenzungsversuche der Problemstellung für ein Projekt, etwa in Form eines ersten Einleitungsversuchs oder als Rohentwurf eines Kapitels, nicht so lange hinauszögern, bis man meint, das ‚Ganze' des Materials erarbeitet zu haben. Zum einen entzieht sich dieses ‚Ganze' schon durch den lawinenartigen Zuwachs an Information immer wieder dem Griff, zum anderen entwickelt gerade ein gründlich durchdachtes, klar aufgebautes Einleitungskapitel meist eine erstaunliche Steuerungsdynamik für Ansatz und Aufbau der Folgekapitel. Es eröffnet so den ökonomischsten Weg zur Eingrenzung des Problems und gleichzeitig zur besseren Kontrolle über das noch zu erarbeitende Material. Daß solche Entwurfskapitel im Verlauf der Arbeit noch des öfteren einem sich schrittweise deutlicher konturierenden Zielverständnis entsprechend modifiziert werden müssen, mindert nicht ihre Bedeutung für eine frühzeitige Präzisierung der Fragestellung.

Im übrigen sollte man aufräumen mit der Fiktion eines je verfügbaren ‚Ganzen' des Materials. Damit entfiele auch eine abgenutzte Rechtfertigung für zu spät eingereichte Referate, überzogene Termine für Prüfungsarbeiten oder Endlos-Dissertationen. Schließlich gehört ein nüchternes Abwägen des vertretbaren Zeit- und Kraftaufwandes in Relation zu Funktion und ‚Status' einer Arbeit auch zu den Voraussetzungen wissenschaftlichen Erfolges. Es gehört weiterhin dazu der Mut, ein Thema zum Abschluß zu bringen, wenn man die eigentliche Fragestellung eingegrenzt, schlüssig durchdiskutiert und in ihren Ergebnissen an sorgfältig ausgewählten Materialien bestätigt hat – nicht aber erst dann, wenn das gewählte Thema bis in seine letzten Verästelungen hinein erörtert worden ist.

,Offene' Planung

Zur Planung und Durchführung wissenschaftlicher Arbeiten liegen einige interessante Anregungen vor. Zu nennen ist u. a. der von Oskar Peter Spandl ausgearbeitete ,Stufenplan',[1] der allerdings die komplexe Ineinanderkoppelung von Themeneingrenzung, Literatursuche, Sacherarbeitung und Textgestaltung etwas zu säuberlich schematisiert. Realitätsnäher und zugleich sehr viel ausführlicher beschreiben den Prozeß Greschat u. a.[2] Sie unterscheiden beispielsweise zu Recht ganz unterschiedliche Phasen der Literatursuche. Die erste gilt der Groborientierung über den Forschungsstand nach der ersten Themenreflexion. Ihr folgt in der Regel eine schärfere Eingrenzung des Themas und eine genauere Festlegung der zu vollziehenden Untersuchungsschritte. Jedem Teilschritt läuft wiederum eine einmalige Literatursuche voraus, der dann parallel mit dem Fortschreiten der Sacherarbeitung weitere, punktuell auf Einzelfragen zielende Literaturdurchsichten folgen, bis sich die gewonnenen Erkenntnisse zureichend verfestigt haben, um in den ersten Textentwürfen ihren Niederschlag zu finden.

Wichtig erscheint in jedem Fall, daß man die Entwicklung von der ersten Themenreflexion bis zur Reinschrift des Manuskripts nicht mit allzu idealtypischen Ansprüchen an einen streng logischen Planungsablauf belastet, bei dem nach der Festschreibung des Themas und der Literaturerarbeitung alles Weitere mehr oder minder mechanisch nachzufolgen hat. Gerade die Offenheit für ständige Überformungen des Themenentwurfs und die Bereitschaft zur Abstimmung der weiteren Arbeitsschritte auf den jeweils jüngsten, in der Auseinandersetzung mit Sachgegenstand und Literatur gewonnenen Erkenntnisstand schafft jene Möglichkeit der thematischen Selbstprüfung, die zu wirklich neuen Sehensweisen des Gegenstandes führen kann. So ist von Anfang an einzukalkulieren, daß eine unter einer bestimmten Arbeitshypothese begonnene Literatur- und Sacherarbeitung diese Hypothese in aller Regel bald erheblich modifiziert und zugleich die Kriterien für die weitere Literatursuche und Sacherschließung wesentlich verändert. Jede Projektplanung, die diesem Prozeß der ständigen thematischen Selbstüberschreitung nicht Rechnung trägt, behindert sich selbst.

---

[1] *Die Organisation der wissenschaftlichen Arbeit*, S. 30.
[2] *Studium und wissenschaftliches Arbeiten*, S. 46–133.

Wie wesentlich eine ‚offene‘ Planung für die schärfere Profilierung des gewählten Themas sein kann, soll an Hand des bereits in anderem Zusammenhang durchgespielten Naturalismus-Modells (siehe S. 35–36) knapp verdeutlicht werden. Ausgangsthema – noch sehr weit gefaßt – sei das Menschenbild des Naturalismus. Der Literatur- und Sacherarbeitung zugrunde gelegt werden könnte die These, daß die für den Naturalismus kennzeichnende Aufwertung außerpersönlicher Kräfte mit einer proportionalen Abwertung der Persönlichkeit bezahlt werden muß. Der Themenansatz berührt damit zugleich einen Sachverhalt, der immer wieder zur Erklärung des naturalistischen ‚Pessimismus‘ herangezogen wird. Genauere Untersuchung der Materialien könnte allerdings Anhaltspunkte für die zunächst doch überraschende Gegenthese ergeben, daß die Abwertung des Persönlichkeitsbegriffes zwar überall im Naturalismus nachweisbar erscheint, aber keineswegs durchgängig in einem negativen Bewertungsrahmen steht. Um Erklärungen für diesen der ursprünglichen Erwartung zuwiderlaufenden Sachverhalt zu finden, könnte man beispielsweise nach ideengeschichtlichen Situationen Ausschau halten, in denen Mensch und Außermenschliches bereits in einem vergleichbaren Problemverhältnis gestanden haben. Als zeitlich und thematisch Nächstliegendes bietet sich natürlich die Romantik an. Von ihr her wird dann auch verständlicher, daß die Rücknahme des Einzelnen in ein größeres organisches Ganzes keineswegs als Negativum, sondern sogar als Erlösung aus der Isolierung des Ich gesehen werden kann – solange nämlich in den außermenschlichen Kräften ein erkennbares Sinnprinzip am Werke scheint.

Die Synthese von ursprünglichem Arbeitsansatz und neuen Erkenntnissen ergibt dann einen naturalistischen Persönlichkeitsbegriff, der über den Schematismus der Ausgangsformel wesentlich hinausgeht. Eine genauere, möglicherweise provokativere Formulierung des Themas wird die Folge sein. Zugleich verschieben sich zwangsläufig die Kategorien, unter denen die weitere Materialauswahl und Sacherschließung abzulaufen hat. Schließlich wird eine gezielte Neubefragung der einschlägigen Fachliteratur mit Blick darauf erforderlich, ob schon andere Wissenschaftler Überlegungen über die beobachtete Doppelwertigkeit der Beziehung von Mensch und Außermenschlichem im Naturalismus angestellt haben. Die daraus gewonnenen Denkanstöße tragen zusätzlich dazu bei, dem Arbeitsprojekt Eigendynamik und unverwechselbares Profil zu geben.

Sichtungs- und Durchführungsphase

Schon an der oben entworfenen, elementaren Projektskizze lassen sich zwei deutlich unterscheidbare Phasen der Durchführung eines wissenschaftlichen Projektes aufzeigen. Die erste ist gekennzeichnet von provisorischen Ansätzen zur Formulierung einer Arbeitshypothese, verbunden mit einem vergleichsweise weit ausgreifenden, jedoch noch überwiegend kursorischen Sichten des Materials. Zeichnet sich im oben beschriebenen Wechselspiel von Materialerschließung und Methodenreflexion schrittweise eine klarere Zielvorstellung für das Projekt ab, so eröffnet sich in der zweiten Phase die Möglichkeit, das Material nunmehr schärfer einzugrenzen. Was verbleibt, muß allerdings auch intensiver aufgearbeitet werden. Die damit Hand in Hand gehende weitere Präzisierung der Fragestellung macht schließlich den Weg für erste Rohentwürfe von Einleitung oder wichtigen Kapiteln frei. Welche Steuerungsdynamik dabei dem Probeentwurf eines Kapitels für die Gestaltung der Folgekapitel zukommen kann, ist bereits auf S. 76–77 angedeutet worden.

Die Grenzen zwischen den ‚Phasen‘ einer Projektdurchführung sind fließend. Dennoch ist es für die Ökonomie des eigenen Arbeitens wichtig, daß man nach der Herausarbeitung einer brauchbaren Arbeitshypothese die Phase der ‚offenen‘ Planung bewußt abschließt und sich energisch auf die Durchführung des Projekts innerhalb der einmal gezogenen Problemgrenzen konzentriert. Zugleich sollte man den notwendigen Arbeitsaufwand für die einzelnen Teile der Arbeit abzuschätzen und in einen einigermaßen realistischen Zeitplan umzusetzen suchen. Dabei ist es ratsam, sich auch auf eine mögliche Schockerfahrung einzurichten. Sie liegt darin, daß man in einem eventuell schon weit fortgeschrittenen Stadium der eigenen Forschungen auf Materialien stößt, die (häufig in Form einer bisher nicht zugänglichen oder übersehenen Veröffentlichung) wesentliche Teile der eigenen Entdeckungen entweder vorwegnehmen oder grundlegend in Frage stellen. Allerdings kann dies ein gründlich erarbeitetes Projekt selten ernsthaft gefährden. Auf den zweiten Blick ermöglicht die Auseinandersetzung mit der vorgefundenen Forschungsmeinung fast immer ein kritisches Überschreiten des selbst bzw. vom anderen erreichten Erkenntnisstandes. So trägt eine solche Entdeckung, die das eigene Projekt zunächst zurückzuwerfen scheint, häufig dazu bei, es überzeugender zu gestalten.

Dynamische Projektablage

In der Regel wird man beim Entwurf eines größeren Forschungsprojektes, etwa einer Prüfungsarbeit, auf Materialien und Definitionen zurückzugreifen suchen, mit denen man bereits in irgendeinem Zusammenhang gründlicher gearbeitet hat. So wird die oben erwähnte erste Sichtungsphase zweckmäßig damit beginnen, daß man sämtliche in den Umkreis der gewählten Problemstellung gehörigen Informationen aus der allgemeinen Schriftgutablage herauszieht. Spätestens in dieser Phase beginnt sich dann auch die in Aufbau und Gliederung einer Materialablage investierte Mühe auszuzahlen. Sie wird dies umso nachhaltiger tun, wenn man den Erschließungsgrad der Ablage nach Verfassern und Titeln bzw. der systematischen Ablage durch eine Schlagwortablage erhöht und die Materialsammlung durch eine sorgfältig geführte bibliographische Kartei abgerundet hat.

Das Heraussortieren der spezifischen Materialien aus der allgemeinen Schriftgutablage ist schon darum ratsam, weil deren Ordnung auf die Aufnahme des gesamten bei den eigenen Studien und Forschungen anfallenden Materials abgestimmt ist. Für die Feindisposition eines spezifischen Forschungsprojekts bedarf es einer eigenen, auf die besondere Fragestellung abgestellten, beweglichen und jeder Umakzentuierung offenen Projektablage. Diese Projektablage könnte beispielsweise als eine Arbeitskartei nach dem von Greschat und anderen entwickelten Randschlitzkartenverfahren aufgebaut werden, das auf S. 28–29 erörtert worden ist.

Vorzüglich geeignet für die bewegliche Zusammenordnung von Materialblöcken erscheint aber auch die bereits auf S. 24–25 erläuterte Projektablage in Pultordnern. Konturiert sich die Fragestellung klarer heraus, so wird bei dieser Ablage ein radierfestes, auf den Deckel des Pultordners geklebtes DIN-A 4-Blatt mit kräftiger Linierung, die der Zahl der verfügbaren Seiten des Pultordners entspricht und ebenso durchnumeriert ist, zum dynamischen Dispositionsraster. Bei einem 16teiligen Pultordner können die einzelnen Seiten etwa in der Sichtungsphase für eine Hauptseminararbeit die Materialien zu folgendem Rohentwurf einer Disposition aufnehmen:

S. 1   Materialien zur Arbeitshypothese
S. 2–3   Materialien zur Einleitung und Darlegung der Forschungssituation

Auf dem Dispositionsraster erhalten die entsprechenden Gliederungspunkte dabei ,Arbeitstitel' bzw. stichwortartige Charakterisierungen. Dafür sollte ein nicht zu harter Bleistift benutzt werden, damit die Titel jederzeit radiert und bei einer Veränderung der Disposition und entsprechenden Umgruppierung von Materialien im Pultordner umgeschrieben werden können.

Der Pultordner nimmt dann in die gewählten Dispositionsabteilungen außer den bereits aus der Hauptablage extrapolierten Basis-Materialien alle weiteren Exzerpte, Kommentare, Definitionsansätze und sonstigen Informationen auf, die sich im Laufe der Untersuchung ansammeln. Sind Materialien möglicherweise für mehrere Gliederungspunkte brauchbar, so arbeitet man mit reichlichen Verweisungen. Eine Hilfe für das Vorantreiben des Denkprozesses sind Ideennotizen, d. h. Zettel, die jeden rasch hingeworfenen Einfall zu irgendeinem Aspekt des Themas festhalten. Walter Kröber betont in diesem Zusammenhang zu Recht den Wert des noch Unverstandenen in der wissenschaftlichen Arbeit.[1] In der Tat arbeiten gerade die noch unausgegorenen, halbdurchdachten Einfälle oft besonders intensiv im Bewußtsein weiter und können zu wichtigen Katalysatoren für die weitere Themenerschließung werden.

Je deutlicher sich die Gliederungsteile der Rohdisposition in einer dynamischen Projektablage herauskristallisieren und mit Ideennotizen, Textauszügen und sonstigen Materialien zur Fragestellung anreichern, desto sichtbarer bauen sie ein gedankliches Kraftfeld auf, innerhalb dessen sich die verstreuten Informationspartikel zu klaren Konfigurationen ordnen. Die Gruppierung des Materials entlang der so gewonnenen Ordnungslinien ergibt schließlich ein Zet-

---

[1] Siehe Abschnitt 412, ,,Die Einfälle und Bemerkungen," *Kunst und Technik der geistigen Arbeit*, S. 45–51.

telmanuskript und damit eine tragfähige Grundlage für den Rohentwurf eines längeren Textabschnittes. Bei Ausweitung des Arbeitsvorhabens bzw. bei stärkerer Differenzierung des Materials wird man allerdings selbst mit einem 31teiligen Pultordner auf die Dauer nicht auskommen. Entweder verteilt man in einer späteren Arbeitsphase das Material entsprechend den mittlerweile gewonnenen Hauptgliederungsteilen auf mehrere Pultordner, oder man beläßt die für den jeweils behandelten Arbeitsabschnitt weniger wichtigen Materialien in der allgemeinen Schriftgutablage, d. h. in den erheblich kostengünstigeren Karteikästen oder Aktenordnern.

,Rückkopplung'
des Arbeitsprozesses und Gruppenkontrolle

Es ist zuvor auf S. 76–77 argumentiert worden, daß die Mißerfolgsquote bei der Durchführung wissenschaftlicher Projekte sich erheblich reduzieren ließe, wenn bei der Planung, Eingrenzung und Ausformulierung wie auch der praktischen Projektablage methodischer vorgegangen würde. Freilich können die hier angebotenen Ratschläge zur Verbesserung der allgemeinen Arbeitseffizienz dafür lediglich Rahmencharakter haben. Die inhaltliche Füllung hängt weiterhin auf das engste von den spezifischen Aufgabenstellungen, Methoden und Materialien der einzelnen Fachgebiete ab. So mag sich hier abschließend der Hinweis auf eine weitere Ursache für wissenschaftliche Mißerfolge rechtfertigen, die nicht durch allgemeine arbeitstechnische Hinweise behoben werden kann. Gemeint ist die gerade bei mißratenen Projekten meist unzureichend praktizierte Rückkopplung des eigenen Arbeits- und Entdeckungsprozesses an die allgemeine Arbeit des Seminars, des Instituts, der Forschungsabteilung, d. h. in jedem Falle der größeren wissenschaftlichen Gemeinschaft, der man als Mitarbeiter, Lernender oder Lehrender zugehört. Da dieser Gemeinschaft in der Regel schon für die Konzeption des eigenen Projektes eine mehr oder minder bedeutsame Auslöserwirkung zuerkannt werden muß, sollte ihr auch bei der Durchführung des Projektes eine sinnvolle gegenkontrollierende und gegebenenfalls mitsteuernde Funktion zugestanden werden.

Die Mehrzahl wissenschaftlicher Fragestellungen entsteht schließlich heute nicht mehr in der Einsamkeit des Studierzimmers. Sie wird entscheidend mitbestimmt durch den Dialog von Arbeitsgemeinschaften, Tutorien, Seminaren, Kolloquien bzw. sonstigen Projekt-

oder Forschungsgruppen. Eben dort jedoch, wo die Kernidee zu einem größeren Projekt entstanden ist, bietet sich auch die Möglichkeit einer wirkungsvollen Rückkopplung des eigenen Erkenntnisinteresses an die Arbeit einer Gruppe potentieller Dialogpartner an, die zumindest mit der allgemeinen Fragestellung vertraut sind und deren Forschungsprojekte möglicherweise in eine ähnliche Richtung zielen.

Es ist für diese Rückkopplung im allgemeinen nicht so entscheidend, ob man sie primär als Dialog mit anderen fortgeschrittenen Studierenden, beispielsweise in einer gut eingespielten Arbeitsgemeinschaft, oder aber mit den Tutoren, Assistenten bzw. Dozenten durchführt. Entscheidend ist vielmehr, daß man sich diesem Dialog von den ersten Dispositionsentwürfen, den ersten Kapitelaufrissen an immer wieder bewußt und in nicht zu großen Abständen stellt. Dabei braucht der gewählte Dialogpartner – gleich, ob es sich um einen Einzelnen oder eine Gruppe handelt – keineswegs in alle Geheimnisse des gewählten Spezialgebietes eingeweiht zu sein. Schon kursorische Vertrautheit mit dem Sachgebiet genügt, um anhand der ersten Dispositionsversuche die Ergiebigkeit eines Themas einschätzen, die Zwangsläufigkeit der einzelnen Argumentationsschritte überprüfen oder Ungenauigkeiten in Begriffsdefinitionen und Problemformulierungen aufdecken zu können. In jedem Fall trägt eine solche Gegenkontrolle mit ihren ständigen Anstößen zu Überarbeitungen, Verbesserungen, Präzisierungen entscheidend zur Erfolgssicherung eines Projektes bei.

2.2 Verschiedene Manuskripttypen

Funktionsunterscheidungen

Auf S. 75 wurden einige grundsätzliche Überlegungen zur Eingrenzung und Durchführung eines wissenschaftlichen Projektes angestellt. Sie waren vor allem auf das Modell einer größeren, weitgehend in eigener Verantwortung zu erstellenden Arbeit abgestimmt. Der Studien- und Wissenschaftsbetrieb konfrontiert jedoch immer wieder mit der Notwendigkeit, auch Manuskripte mit anderer Funktion und entsprechend anderem Gliederungscharakter abfassen zu müssen. Einige von ihnen sollen, soweit sie von allgemeinerem Interesse erscheinen, in die nachfolgende Diskussion verschiedener im eigentlichen Sinne wissenschaftlicher Manuskripttypen einbezogen werden.

Sitzungsprotokoll

Mit der Notwendigkeit, zu Sitzungen, Beratungen, Verhandlungen verschiedensten Zuschnittes einmal ein brauchbares Protokoll herstellen zu müssen, muß man heute in praktisch allen Bereichen von Ausbildung und beruflicher Tätigkeit rechnen. In jedem Fall ist vorab zu klären, ob das Protokoll primär als Verlaufs- oder als Beschlußprotokoll geführt werden soll bzw. ob eine Kombination aus beiden am geeignetsten ist.

Bei Sitzungen von Gremien mit Entscheidungsfunktionen und oft erheblichen Meinungspolarisierungen (z. B. Sitzungen eines Instituts- oder Fachbereichsrates) wird meist der tatsächliche Verlauf der Diskussion und die klare Herausarbeitung divergierender Sprecherpositionen von vorrangigem Interesse sein. Darüber hinaus sind naturgemäß alle Beschlußfassungen im Wortlaut festzuhalten. Bei Abstimmungen ist ggf. die Zahl der abgegebenen Ja- und Neinstimmen sowie Enthaltungen zu protokollieren. Wird die Feststellung der Beschlußfähigkeit beantragt, so kann auch die Zahl der Stimmberechtigten vermerkt werden. Das Protokoll einer wissenschaftlichen Arbeitssitzung wird den Einzelphasen der Diskussion normalerweise weniger Aufmerksamkeit widmen. Sinnvoller ist hier eine möglichst systematische Darstellung der wesentlichen Arbeits- und Erkenntnisschritte. Deutliche Divergenzen der wissenschaftlichen Urteilsbildung sollten natürlich auch in einem solchen Protokoll nicht unterschlagen werden.

Für die äußere Gestaltung von Protokollen gibt es keine festen Regeln. Im allgemeinen dürfte das folgende Schema ausreichen:

1) Schriftkopf des Protokolls:
   Veranstaltung(srahmen)
   Leiter der Veranstaltung
   Termin und ggf. genaueres Thema der Veranstaltung (bei feststehenden Zeiten stattdessen Dauer der Veranstaltung)
   Teilnehmer an der Veranstaltung
2) Darstellung der Veranstaltung (Verlaufs- oder Ergebnisprotokoll)
3) Schluß des Protokolls:
   Ende der Veranstaltung (soweit nicht festliegend)
   Verweis auf eventuelle Anlagen (z. B. Anwesenheitsliste oder Anschauungsmaterialien)
   Datum und Unterschrift des Protokollanten

Zahl und ggf. Namen der Teilnehmer sind besonders dann festzuhalten, wenn die Veranstaltung einer Teilnahmekontrolle unterliegt oder Entscheidungscharakter trägt (z. B. zum Nachweis der Beschlußfähigkeit bei Abstimmungen). Die Teilnahme kann auch durch eine dem Protokoll beigefügte Anwesenheitsliste dokumentiert werden. Verlauf bzw. Ergebnisse der Veranstaltung sollten knapp und optisch übersichtlich dargestellt werden. Wiedergabe wörtlicher Rede ist in der Regel weder nötig noch (ohne Hilfe von Tonband oder Stenogramm) möglich. Festzuhalten sind allerdings Formulierungen, deren verbale Fassung als solche zum Gegenstand der Diskussion wird. Ist das Protokoll ausschließlich ergebnisorientiert, so kann der erreichte Erkenntnisstand auch in thesenhafter Form zusammengefaßt werden. Im übrigen ist ein gutes Protokoll mehr als eine bloße Gedächtnisstütze. Es kann noch im nachhinein einen beachtlichen Beitrag zur Verdeutlichung der in einer Sitzung angeschnittenen Fragen leisten.

Das nachfolgende Protokoll einer Seminarsitzung (Beispiel I) ist überwiegend ergebnisorientiert. Beispiel II zeigt die Behandlung des gleichen Themas als Protokoll eines Pädagogikstudenten, der bei einer schulischen Elternversammlung hospitiert. Dieses Protokoll folgt zwangsläufig enger dem tatsächlichen Verlauf der Versammlung. Dennoch bewegt sich der Protokollant im Zusammenfassen kontroverser Haltungen in der Diskussion teilweise in Richtung auf ein – für den Leser im allgemeinen nützlicheres – Ergebnisprotokoll.

Beispiel I

Proseminar Dr. Hertha Eberling: ,,Übungen zur Bildungssoziologie"
Protokoll der Sitzung vom 27. Juni 1977
Thema: ,,Die integrierte Gesamtschule als Gegenmodell zum dreigliedrigen Schulsystem"
Pädagogisches Seminar II, Hörsaal 104 Dauer: 10–12 Uhr

1) Verlesung eines Thesenpapiers zur integrierten Gesamtschule

Das Thesenpapier (Richter/Führlein/Ermert) hebt als augenfälligstes Merkmal der neuen Schulform die Zusammenfassung der Mittelstufe (Sekundarstufe I) aller bisherigen Schultypen in einem gemeinsamen Bildungsgang mit differenziertem Kurssystem heraus. Das Modell umfaßt mindestens die Klassen 7–10. Eine Einbeziehung der Klassen 11–13 ist noch in der Diskussionsphase. Die integrierte Gesamtschule beinhaltet eine Verlängerung des bisherigen Förderstufenprinzips bis zum 16. Lebensjahr. Ihr entscheidender Vorteil: Verbesserung der Chancengleichheit und der sozialen Integration.

2) Kritik am Thesenpapier

Die Darstellung des Modells als solche wird von den Seminarteilnehmern akzeptiert. Bemängelt wird jedoch erstens die unvollständige Darstellung der wichtigsten Zielsetzungen, zweitens das Fehlen von Hinweisen auf Praxisbewährung und empirischen Daten, die einen objektiven Vergleich mit dem herkömmlichen Schulsystem ermöglichen.

3) Ergänzung der Thesen: Faktor Bildungseffektivität

Weitere Diskussion erbringt als Ziel des Modells neben verbesserter Chancengleichheit vor allem eine erhöhte Effektivität des gesamten Schulsystems. Dazu legt die Seminarleiterin Ergebnisse einer Konstanzer Forschungsgruppe ,,Schulische Sozialisation" von 1973 vor (siehe Anlage zum Protokoll). Die Gruppe errechnet eine deutliche Zunahme von Realschul- bzw. Gymnasialabschlüssen gegenüber dem herkömmlichen Schulsystem. Sie beträgt in den durchgeführten Modellversuchen bei Schülern aus der Mittel- und Arbeiterschicht z. B. beim Abitur fast 50 %.

4) Konkurrierende Gesamtschulmodelle

Das englische Modell einer Gesamtschule verfährt nach dem ,streaming‘-System, d. h. die Schüler werden fächerübergreifend nach ihren Leistungen gruppiert. Die Seminarteilnehmer kritisieren dieses System, das weiterhin bildungsselektiv verfährt und damit Elitebildung durch soziale Selektion festschreibt. Im Gegensatz dazu versucht das deutsche Modell (,setting‘-System) nicht die Schüler, sondern die jeweiligen Kurse nach Leistung zu differenzieren. Dies bedeutet, daß jeder Schüler in seinem besonderen Begabungsbereich in die Spitzenkursgruppe aufsteigen kann, ohne damit insgesamt einer ,höheren‘ Gruppe zugeordnet zu werden. So wird zugleich die bisherige Stigmatisierung ganzer Schülergruppen durch Aussperrung aus einem ,höheren‘ und Rückweisung auf einen ,niedrigeren‘ Bildungsgang vermieden und eine optimale Förderung der individuellen Teilbegabungen erreicht.

Anlage: Tabellarische Darstellung der Konstanzer Ergebnisse.

29. Juni 1977   Angelika Streblitz
                     Siegfried Truchberg

Beispiel II

Protokoll der Elternversammlung des Staatlichen Gymnasiums Gerlingswiesen vom 3. April 1977
Veranstalter: Direktorat und Elternbeirat der Schule
Thema: ,,Die integrierte Gesamtschule und das traditionelle Schulsystem"
Ort: Turnhalle des Gymnasiums   Beginn: 20 Uhr

1) Eröffnung der Elternversammlung durch den Direktor

Oberstudiendirektor Börner begrüßt die Anwesenden, darunter Ministerialrat Dr. Seidling vom Kultusministerium, den Landrat und mehrere Stadträte. Er erläutert die Zielsetzung der Versammlung: Information und Meinungsbildung über das Modell einer integrierten Gesamtschule, deren Einführung umstritten ist. Er fordert zu einer offenen und kritischen Diskussion des Modells auf.

2) Darstellung des Reformmodells

Oberstudienrat Hahnauer macht die Teilnehmer an Hand einer Tafelzeichnung mit der Struktur der integrierten Gesamtschule vertraut. Sie soll die drei traditionellen Schultypen vom 7. bis 10. Schuljahr – als Verlängerung der bereits vielerorts erprobten Förderstufe – in einer Schulform mit komplexem Kurssystem zusammenführen. Das Kurssystem gliedert sich nach dem sogenannten FEGA-Modell in vier Kurstypen: Aufbaukurs, Grundkurs, erweiterter und Fortgeschrittenenkurs.

3) Diskussion des Modells

Für den Elternbeirat fordert Dr. Hinze Aufklärung über den Zweck einer so radikalen Veränderung des bewährten Schulsystems. Er sieht als Folgen jahrelange Unruhe im Schulalltag, Zerstörung der traditionellen Klassengemeinschaft und enorme organisatorische Probleme. Stadtrat Klein weist darüber hinaus auf die Gefahren einer ,,Gleichmacherschule" hin. Aus ,,sozialer Schwärmerei" werde hier die Förderung der Begabtesten und die Belohnung besserer Leistung durch eine ,,totale Nivellierung des bewährten dreistufigen Schulsystems" abgelöst (starker Beifall eines Teils der Zuhörer). Von weiteren Sprechern wird auf die Unausgegorenheit des Modells, die problematische Zusammenarbeit von Lehrern unterschiedlicher Ausbildungsqualität und den Mangel an praktischer Erprobung verwiesen.

Studienrat Wegner, Sprecher des Lehrerrats, verwahrt sich gegen einen „unqualifizierten Verriß" des Modells. Das eigentliche Ziel der Gesamtschule sei überhaupt noch nicht deutlich gemacht worden, nämlich die Verbesserung der sozialen Chancengleichheit. Jeder Schüler könne im Bereich seiner individuellen Teilbegabungen in die höchste Leistungsgruppe aufsteigen. Damit entfiele die „soziale Stigmatisierung" ganzer Gruppen durch Aussperrung aus einem „höheren Bildungsgang". Auch Stadtrat Liebermann plädiert für Abschaffung der „alten Klassenschule" und verweist zugleich auf Untersuchungen einer Konstanzer Forschungsgruppe. Sie beweise, daß bei Modellversuchen mit der Gesamtschule bis zu 50 % mehr Kinder aus der Mittel- und Arbeiterschicht zu einem Realschulabschluß bzw. zum Abitur geführt worden seien als im traditionellen Schulsystem.

4) Schlußabstimmung

Das in der abschließenden Abstimmung gewonnene Meinungsbild ergibt seitens der Teilnehmer 87 Stimmen für die versuchsweise Einführung der integrierten Gesamtschule bei 76 Gegenstimmen und 53 Enthaltungen.

Die Elternversammlung schließt um 22.35 Uhr.

Gerlingswiesen, den 4. April 1977

Theodor Wintrich

Referat, Seminararbeit

Referat und Seminararbeit sind wesentliche Bestandteile des wissenschaftlichen Lern- und Einübungsprozesses. Beide Begriffe werden heute meist synonym gebraucht, obwohl sich ‚Referat' etymologisch auf den mündlichen Bericht bezieht und so eine nützliche Funktionsunterscheidung leisten könnte. (Für ‚Referat' im Sinne von Literaturbericht siehe S. 95–97.) Schließlich folgt der mündliche Vortrag anderen Gesetzen als eine primär zum Lesen bestimmte Seminararbeit: Der mündliche Vortrag soll vor allem thesenhaft formulieren, bewußt Reaktionen der Hörer provozieren, die Diskussionen in der Gruppe auf Schwerpunkte hin strukturieren. Die schriftliche Arbeit hingegen steht unter dem durchaus andersartigen Anspruch, methodischen Ansatz, Denkschritte und Arbeitsergebnisse in einer

gedanklich ausgewogenen, sprachlich ausgefeilten und ‚fertigen'
Form schriftlich darzulegen. Die Vorzüge beider Darstellungsweisen
lassen sich verbinden, wenn im ersten Schritt die eigenen Überlegungen in der entsprechenden Sitzung thesenhaft mündlich referiert,
im zweiten Schritt die vorgetragenen Gedanken unter Berücksichtigung der im Diskussionsverlauf hinzugewonnenen Erkenntnisse zur
Grundlage einer schriftlichen Seminararbeit gemacht werden.

Die Gruppe kann sich auf solche Diskussionen wesentlich besser
vorbereiten, wenn zu jedem Referat ein knappes Thesenpapier mit
möglichst vielen Durchschlägen erstellt und den Teilnehmern rechtzeitig zugänglich gemacht wird. Auch Seminararbeiten werden
grundsätzlich mit mindestens einem Durchschlag angefertigt. Der
Durchschlag kann zusammen mit anderen Arbeiten gesammelt und
in einem besonderen Ordner beim ‚Handapparat' (siehe S. 49) der
Lehrveranstaltung zur allgemeinen Einsichtnahme abgelegt werden.

Die Anforderungen an den Umfang von Seminararbeiten reichen
von ca. 8–10 Seiten in Einführungsseminaren über 10–15 Seiten
in Proseminaren bis zu 15–20 Seiten in Haupt- oder Oberseminaren.
Freilich sollte die Seitenzahl nicht zum Fetisch erhoben werden.
Idealtypisches Modell der Seminararbeit ist von Umfang und Aufbau
her in der Regel der wissenschaftliche Aufsatz in Fachzeitschriften
oder Sammelwerken. Ihm entsprechend sollte die äußere Umgliede-
rung einer solchen Arbeit nicht übermäßig differenziert sein. Gewichtige Inhaltsangaben, Unterteilungen in ‚Kapitel', Abschnitte und
Unterabschnitte können sich bei 10–15 Seiten Text recht prätentiös
ausnehmen. Hingegen bedeutet das Voranstellen einer klar gegliederten Disposition gerade bei einer Arbeit mit einübendem Charakter
eine nützliche Orientierungshilfe.

Die seitenmäßige Begrenzung der Seminararbeit erzwingt besondere
thematische Disziplinierung. Sekundäre Gedankengänge, Exkurse
in Randgebiete sind dabei ebenso problematisch wie das Vorschalten
allgemeiner historischer oder methodischer ‚Einführungen', die oft
weniger auf eigene Gedanken und Beobachtungen rekurrieren als
auf in jedem Handbuch nachlesbare Gemeinplätze des Faches. In
der Regel wird sich eine Seminararbeit sinnvoll darauf beschränken,
in einem überschaubaren, eng abgesteckten Materialbereich anhand
einiger repräsentativ ausgewählter und gründlich analysierter Belege
eine begrenzte Arbeitshypothese zu erproben. Daraus ergeben sich
mehr oder minder von selbst drei wesentliche Teile der Rohdisposition:

1) Erläutern von Forschungslage, Arbeitshypothese, Kriterien der Materialauswahl, eigener Begriffsbildung,
2) Durchführung der Untersuchung und Erprobung der Hypothese, Erhärtung der Ergebnisse an exemplarisch eingearbeiteten Belegen,
3) pointierte Zusammenfassung der gewonnenen Erkenntnisse und ggf. Bestimmung ihres Stellenwerts für die Forschungslage.

Das formale Gliederungsschema einer Seminararbeit insgesamt könnte etwa folgendermaßen aussehen:

1) Titelblatt
2) (Inhaltsangabe, Disposition)
3) Quellenverzeichnis (kann stattdessen auch ans Ende gesetzt werden)
4) (Abkürzungsverzeichnis)
5) Einleitungsteil
6) Durchführungsteil
7) Zusammenfassung, Schlußteil
8) (Ergänzende Materialien)

Die Funktion der eben aufgezählten Gliederungsteile wird auf S. 100–105 genauer erläutert.

Klausur

Die Klausur läßt sich als universitäre Spielart der schulischen ‚Klassenarbeit‘ oder ‚Schulaufgabe‘ beschreiben. Als eine unter Aufsicht zu erbringende schriftliche Leistung fordert sie in der Regel nicht so sehr den Nachweis eigenständigen wissenschaftlichen Denkens wie einen bestimmten Stand von Problemverständnis und Sachinformation im gewählten Arbeitsgebiet. Aufgabe der Klausur kann z. B. eine zusammenhängende Darstellung zu einem Spezialgebiet (Aufsatz) oder die Beantwortung eines breiter gefächerten Spektrums von Fragen (Klausur mit Testcharakter) sein.

Prüfungs-, Zulassungsarbeit
(Diplom-, Magister-, Staatsarbeit)

Die Prüfungsarbeit ist eine schriftliche Hausarbeit, die in der Regel innerhalb einer vorgeschriebenen Frist anzufertigen ist. Sie soll an einer nach Umfang und Schwierigkeitsgrad innerhalb dieser Frist zu bewältigenden Problemstellung vor allem Sicherheit im Umgang mit den wesentlichen Methoden und Begriffen des Fachgebietes sowie die Fähigkeit zur selbständigen Materialerarbeitung und Problemdarstellung erweisen. Die Prüfungsarbeit ist normalerweise nicht zur Veröffentlichung bestimmt. Sie fordert darum auch nicht zwingend einen völlig neuen, unabhängigen Forschungsbeitrag, wohl aber eine angemessene Mitreflexion des jeweiligen Forschungsstandes. Das Auffinden des für die Fragestellung wesentlichen Materials gilt als Teil der wissenschaftlichen Leistung.

Die Prüfungsarbeit kann im Umfang je nach Fachgebiet und Bearbeiter erheblich schwanken (zwischen 30–40 und 100–150 Seiten). Sie läßt sich in Aufbau und Gliederung als bescheidenere Variante der wissenschaftlichen Monographie, etwa einer Dissertation, beschreiben (siehe S. 92–94). Entsprechend der Begrenzung in Anspruch und Umfang kommt sie im allgemeinen mit einer weniger aufwendigen Gliederung insbesondere im Durchführungsteil aus. Des weiteren entfallen alle Teile, die sich an einen größeren Leserkreis wenden, wie Widmung, Geleitwort, Vorwort, Register (zur Abstimmung der Prüfungsarbeit auf eine eventuelle Dissertation siehe auch S. 76). Im übrigen sind die Prüfungsbestimmungen der einzelnen Fächer, Fachbereiche oder staatlichen Prüfungsausschüsse zu beachten.

Wissenschaftliche Monographie (insbesondere Dissertation und Habilitationsschrift)

Die wissenschaftliche Monographie stellt in der Regel eine thematisch geschlossene, eigenständige und in ihren wesentlichen Teilen ursprüngliche Auseinandersetzung mit einer umfassenderen Fragestellung dar. Sie ist grundsätzlich auf eine Veröffentlichung (bei Dissertationen zumindest im Photodruckverfahren) hin angelegt. ,Umfassend' sollte hier allerdings weniger quantitativ als qualitativ verstanden werden. Die Zeit der Monster-Dissertationen oder -habilitationen mit sechshundert und mehr Seiten ist – Gott sei Dank – vorbei. Die Praxis der Deutschen Forschungsgemeinschaft, die Drucklegung von Arbeiten mit einem Umfang von mehr als 250 Seiten finanziell nicht mehr ohne weiteres zu fördern, setzt hier ein deutliches Signal. Ebenso sind die durch die explosive Kostenentwicklung erzwungenen, oft rigorosen Kürzungsauflagen der Verlage angesichts der wissenschaftlichen Publikationsschwemme nur als heilsam anzusehen – insbesondere dann, wenn der Zwang zur Konzentration sich mit höheren Ansprüchen an das wissenschaftliche Niveau verbindet.

Die Dissertation (Arbeit zur Erlangung des Doktorgrades) und die Habilitationsschrift (Arbeit zur Erlangung der *venia legendi*, d. h. der Erlaubnis, akademische Vorlesungen zu halten) sind die im Hochschulbereich vertrautesten Formen der wissenschaftlichen Monographie. In Aufbau und Gliederung erweitert die Monographie naturgemäß erheblich das auf S. 89–91 für eine Seminararbeit skizzierte Modell. Entsprechend ihrem jeweiligen wissenschaftlichen Anspruch wird sie von einer zureichend komplexen, weit ausgreifenden, neue Zusammenhänge erschließenden Arbeitshypothese auszugehen haben. Kenntnis wesentlicher Aspekte der jüngsten Methodendiskussion im gewählten Fachgebiet ist für sie im allgemeinen ebenso Voraussetzung wie eine erschöpfende Bestandsaufnahme der auf das eigene Thema bezogenen Forschungssituation. Entsprechend dem Schwierigkeitsgrad des Themas und der Menge des zu erarbeitenden Materials wird sich insbesondere der Durchführungsteil zureichend in Kapitel, Abschnitte und Unterabschnitte, ggf. darüber hinaus in mehrere Hauptteile auffächern müssen. Zusammenfassung und Auswertung sollten den erreichten Erkenntnisstand besonders gründlich dokumentieren und in seiner Eigenständigkeit gegen das in der bisherigen Forschung Geleistete absetzen. Mit dem Blick auf einen größeren Leserkreis öffnet sich zugleich eine Reihe weiterer Mitteilungskategorien wie Widmung, Geleitwort und vor allem Vorwort. Bei material-intensiven Arbeiten ist die Anlage eines Namen- und/oder Sachregisters als wertvolle Nutzungshilfe zu erwägen.

Das nachfolgende Gliederungsmodell für eine umfassendere wissenschaftliche Arbeit stützt sich auf Richtlinien, die von Hochschulverband und Rektorenkonferenz für die Anlage von Dissertationen gebilligt worden sind. Den in diesen Richtlinien umrissenen Gliederungsteilen sind in Klammern einige weitere mögliche hinzugeordnet:

1) Titelblatt
2) (Widmung, Geleitwort)
3) (Vorwort)
4) (Inhaltsverzeichnis)
5) Quellenverzeichnis (über mögliche Endstellung siehe S. 103)
6) Verzeichnis der Abkürzungen
7) (Einleitung)
8) Durchführungsteil

9) (Zusammenfassender Schlußteil, Auswertung, Ausblick)
10) (Ergänzende Materialien: Anhänge, Exkurse, Tabellen, Dokumentationen, Bild- und Übersichtstafeln)
11) (Register)

Die Funktionen der oben aufgezählten Gliederungsteile werden auf S. 100–105 zusammenhängend erläutert, sonstige Aspekte der Gestaltung einer Monographie in den weiteren Arbeitsschritten. Im übrigen sind die Promotions- bzw. Habilitationsordnungen der zuständigen Fakultäten oder Fachbereiche zu beachten.

Zeitschriftenaufsatz, Beitrag zu Sammelwerk

Erwägt man bei der Abfassung einer kürzeren wissenschaftlichen Arbeit eine Zeitschriftenveröffentlichung, so kann es kaum schaden, das publizistische Selbstverständnis der in Frage kommenden Periodika mitzubedenken. Es gibt Zeitschriften mit höchst achtbarem fachlichen Niveau, die im Interesse eines breiteren Leserkreises einen gewissen Feuilletonismus pflegen und auf pedantische Belegsammlungen und ausladende Fußnotenapparate bewußt verzichten. Aber wenn es um Annahme oder Ablehnung eines Aufsatzes geht, wird auch eine Zeitschrift mit rigoros ‚wissenschaftlichem‘ Anspruch solchen Beiträgen den Vorzug geben, die einen gewichtigen Befund einprägsam formulieren, und die in der klaren Absetzung gegen andere Forschungsmeinungen Anstoß zur Fortführung des wissenschaftlichen Dialoges geben. Für die innere Gliederung eines wissenschaftlichen Aufsatzes dürfte im allgemeinen das auf S. 89–91 für eine Seminararbeit angebotene Modell anwendbar sein. Für die äußere Gliederung empfiehlt sich, wenn man nicht überhaupt von einem durchlaufenden Text ausgeht, eine Unterteilung in ganz wenige, durch einen Strich gegeneinander abgesetzte oder in großen römischen Ziffern durchgezählte Teile. Schließlich sollte man sich vergewissern, ob die in Frage kommenden Zeitschriften irgendwelche Auflagen hinsichtlich der äußeren Form einzureichender Manuskripte machen.

In letzter Zeit hat das Sammelwerk, teilweise in Konkurrenz zu den Fachzeitschriften, als Veröffentlichungsform eine Hausse erlebt. Ein Sammelwerk vereinigt eine Anzahl meist aufsatzlanger Beiträge verschiedener Forscher zu einem Thema, das auch fachübergreifenden (interdisziplinären) Charakter haben kann. Ein solches Werk

‚sammelt' beispielsweise aus den verschiedensten Bereichen, etwa Biologie, Chemie, Wirtschaft, Verwaltung Beiträge zum Thema „Ökologisches Gleichgewicht industrienaher Naturlandschaften". Die Koordination liegt gewöhnlich in den Händen eines Herausgebers, der meist in einer Einleitung die Zielvorstellungen des Sammelwerks umreißt.

Verpflichtet man sich zu einem Beitrag für ein Sammelwerk, so sollte man sich bewußt sein, daß es sich dabei um eine Gemeinschaftsleistung handelt, die Bereitschaft zur Abstimmung der eigenen Interessen mit denen anderer Mitarbeiter voraussetzt. Aus dem gleichen Grunde sollte man besonders sorgfältig prüfen, ob man die Einlieferungstermine einhalten kann. Es ist kein wissenschaftliches Kavaliersdelikt, wenn sich infolge der Säumigkeit von ein oder zwei Mitarbeitern ein solches Gemeinschaftsprojekt – manchmal um Jahre – verschleppt oder dadurch in wesentlichen Teilen verjährt. Falsche Einschätzung der eigenen Produktivkraft kann dabei anderen erheblichen wissenschaftlichen und wirtschaftlichen Schaden zufügen. Sie kann darüber hinaus auch Konventionalstrafen nach sich ziehen.

Kurzreferat, Rezension

Zur Dokumentation im engeren, für die vorliegende Betrachtung vorrangigen Sinne zählen vor allem solche Darstellungen, die sich über das bibliographische Erfassen hinaus dem systematisch referierenden bzw. kommentierenden und wertenden Erschließen von wissenschaftlicher Literatur (oder allgemein von ‚Dokumenten') widmen. Im Zusammenhang mit den verschiedenen Gestaltungsmöglichkeiten von „Inhaltsangaben in Information und Dokumentation" hat dazu DIN 1426 in der Neufassung von 1973 klare terminologische Abgrenzungen geschaffen. Sie beanspruchen zugleich Modellcharakter für eine in Vorbereitung befindliche internationale Norm.

Als bedeutsamste Form der Inhaltsangabe in der Dokumentation wird neben dem Literaturbericht das Kurzreferat herausgehoben. Das Kurzreferat wird abgegrenzt gegen drei andere inhaltsbezogene Darstellungen: 1) das bloße Inhaltsverzeichnis, 2) die Zusammenfassung, die nur im Überblick unterrichtet und nicht unabhängig vom Gesamttext voll verständlich sein muß, 3) die Annotation, die im Normblatt als rein deskriptive, stichwortartige Zusatzinformation zum Titel verstanden wird und sich auch nicht an bestimmten Benutzerbedürfnissen orientiert.

Das Kurzreferat (für ‚Referat' im Sinne einer Seminararbeit siehe
S. 89–91) verzichtet 1) auf Wertung bzw. systematische oder historische Einordnung und berücksichtigt 2) das Interesse eines bestimmten Leserkreises an rascher, übersichtlicher Information über das
betreffende Dokument. Das Normblatt zeigt deutliches Mißtrauen
gegenüber dem Autorenreferat. Diesem vom Autor selbst verfaßten
Kurzreferat zu seinem Werk wird ungenügende Beachtung dokumen-
tationsspezifischer Gesichtspunkte, insbesondere wiederum des Erkenntnisinteresses spezifischer Lesergruppen unterstellt. Folgerichtig
sieht das Normblatt im Fremdreferat nach vorgegebenen Kriterien
die eigentliche Form des Kurzreferats. Inhaltlich unterschieden werden 1) das indikative Referat, das nur kursorisch auf die im Dokument behandelten Sachverhalte und die Art ihrer Behandlung verweist, 2) das informative Referat, das mit Blick auf die besondere
Interessenlage der Zielgruppe die wichtigsten Einzelheiten von Verfahrensweise, Art und Umfang des Textes herausarbeitet. Allerdings
wird eingeräumt, daß dem Leserinteresse oft eine Mischform aus
indikativem und informativem Referat am besten gerecht wird.

Hauptmerkmal der Rezension ist nach DIN 1426 ihre wertende
Stellungnahme. Dabei ist sie einerseits nicht unbedingt zur Wiedergabe der wichtigsten Inhalte, andererseits aber auch nicht zur
Kürze verpflichtet. Hier ist einzuwenden, daß wesentliche Formen
der Rezension – z. B. wissenschaftliche Buchbesprechungen – kaum
sinnvoll auf indikative (aufzeigende) und informative (beschreibende) Elemente des Referats verzichten können, wenn sie ihre Wertung
verständlich und glaubhaft machen wollen. Ohne ein gewisses Maß
an zusammenhängender Information über Arbeitshypothesen, Arbeitsschritte, Materialumfang und Ergebnisse der besprochenen Arbeit würde die Rezension zwangsläufig zu einer bloßen Zensurenver-
teilung oder selektiven Krittelei absinken. Schließlich liegt die eigentliche Leistung der Buchbesprechung ebenso darin, Ansätze, Inhalte,
Resultate einer Untersuchung anschaulich zu machen, wie die Schlüs-
sigkeit des Verfahrens und die Bedeutung der gewonnenen Erkenntnisse kritisch zu überprüfen. Soweit die Rezension tatsächlich unzureichende Voraussetzungen, innere Widersprüche, Kurzschlüsse in
den Folgerungen des rezensierten Werkes offenzulegen hat, leistet
sie dies am wirkungsvollsten nicht durch pauschale Aburteilung,
sondern durch Hinweise darauf, wo und in welcher Weise der im
besprochenen Werk demonstrierte Erkenntnisstand sinnvoll zu überschreiten wäre.

Sammelreferat und -rezension, Literaturbericht, Forschungschronik

Werden die Inhaltsangaben mehrerer Dokumente, die sachlich in einer erkennbaren Beziehung zueinander stehen, zusammengefaßt, so entsteht ein Sammelreferat. Eine vergleichende und wertende Betrachtung mehrerer Dokumente mit thematischen Gemeinsamkeiten leistet die Sammelrezension. Wird das beschreibende und/oder wertende Sichtungsverfahren von Dokumenten zu einem bestimmten Sachgebiet oder Themenkreis über einen größeren fest umrissenen Zeitraum ausgedehnt, so handelt es sich um einen Literatur- (oder Forschungs-)bericht. Hinsichtlich des Verfahrens im Literaturbericht räumt auch DIN 1426 ein, daß darin ein Mischen von indikativen, informativen und wertenden Elementen dem Leserinteresse optimal entgegenkommen könnte. Das Normblatt hebt zugleich hervor, daß jedem Literaturbericht eine Bibliographie der benutzten Dokumente beizugeben sei. Steht im übrigen auf besondere Weise die historische Dimension einer über einen längeren Zeitraum vollzogenen Forschungsentwicklung im Vordergrund, so läßt sich auch von einer Forschungschronik sprechen.[1]

Abschließend ist festzuhalten, daß angesichts des erdrückenden Überangebotes an Information heute jeder wissenschaftlich Arbeitende zunehmend auf die hier skizzierten Aufbereitungsformen von Dokumenten angewiesen ist, und zwar ebenso bezüglich der Darstellung von Inhalten wie bezüglich der Wertung und systematischen oder historischen Zuordnung. Das zusammenfassende Referieren setzt ebenso wie das kritische Auswerten ein hohes Maß an Urteilsvermögen und wissenschaftlichem Verantwortungsgefühl voraus. Es ist heute mehr denn je als eigenständige und unentbehrliche wissenschaftliche Leistung zu werten.

Miszellen

Miszellen sind Kurzaufsätze ‚vermischten‘ Inhalts. Viele Zeitschriften halten hierfür eine besondere Rubrik offen und geben so Wissenschaftlern Gelegenheit, auch punktuelle Informationen von legitimem fachlichem oder praktischem Interesse (etwa Kommentare

---

[1] Es ist anzumerken, daß in DIN 1426 die Begriffe ‚Buchbesprechung‘, ‚Forschungsbericht‘, ‚Forschungschronik‘ ebenso wie der erläuterte Begriff der ‚Miszellen‘ nicht erscheinen.

zu Fachtagungen, Hinweise auf Förderungsmöglichkeiten für Forschungen) zu veröffentlichen, die keine ausführliche Darstellung rechtfertigen. Oft nehmen die Herausgeber in diese Sparte auch kritische Leserbriefe, Erwiderungen von angegriffenen Autoren u. ä. auf.

Arbeitsplan für Lehrveranstaltung

Der Arbeitsplan für eine Lehrveranstaltung umreißt Arbeitsansatz und Arbeitsziele, grenzt das zu untersuchende Material ein und verweist auf die wichtigste Fachliteratur. Soweit möglich, legt er auch die zeitliche Abfolge der Material- und Themenerarbeitung fest und bemißt zu jeder Sitzung eine nach Wissensstand und Gesamtbelastung der Teilnehmer zumutbare Aufgabenmenge (Lektüre von wichtigen Abschnitten der Fachliteratur usw.). Es ist nützlich, im Arbeitsplan auch eindeutig die Zielgruppe der Veranstaltung kenntlich zu machen. Des weiteren erspart es zeitraubende Rückfragen, wenn kurz die Zulassungsbedingungen erwähnt werden.

Der Arbeitsplan für eine Lehrveranstaltung weist in der Regel etwa folgende Gliederung auf:

1) Name des Dozenten, Veranstaltungstitel (um Irrtümer zu vermeiden, sollte stets wörtlich der im Vorlesungsverzeichnis abgedruckte Titel verwendet werden), Wochenstundenzahl, Zeit und Ort der Veranstaltung,

2) Zielgruppe, Höhe der Anforderungen, ggf. Zulassungsbedingungen,

3) knapper Aufriß von Arbeitshypothese, Methoden und Zielsetzungen, Art und Umfang des Materials sowie den wichtigsten Standardwerken zum Thema,

4) genauer Terminplan mit klar aufgeschlüsselten Aufgaben- und Lektüredeputaten zu den einzelnen Sitzungen,

5) Verzeichnis der wichtigsten Literatur (dies sollte jedoch nicht von einer realistisch bemessenen Zuweisung von Literatur zu den einzelnen Sitzungen entheben).

(Tabellarischer) Lebenslauf

Die Notwendigkeit zur Selbstdarstellung in einem Lebenslauf ergibt sich heute in allen wichtigen Phasen der eigenen Ausbildung, des beruflichen und wissenschaftlichen Werdeganges. Zur ‚Grundausstattung' eines Lebenslaufes gehören Informationen über Geburtsdatum und Geburtsort, Familienhintergrund, die wichtigsten Abschnitte schulischer, fachlicher und beruflicher Entwicklung. Welche Ereignisse, Tätigkeiten, persönliche Engagements und Initiativen jedoch als prägend hervorgehoben werden, hängt nicht unwesentlich von der Einschätzung des besonderen Erkenntnisinteresses des Adressaten ab. Naturgemäß wird man vor allem jene Aspekte des eigenen Werdeganges in den Blickpunkt rücken, die ein besonderes Interesse bzw. eine besondere Begabung für die spezifische Ausbildung, wissenschaftliche oder berufliche Aufgabe augenfällig machen, für die man sich bewirbt. So enthalten Lebensläufe, die bei Antrag auf Zulassung zu einer akademischen Abschlußprüfung (z. B. Promotion) eingereicht werden, in der Regel Hinweise auf jene Hochschullehrer, die für die Herausbildung der eigenen wissenschaftlichen Interessenlage und Projektgestaltung von besonderer Bedeutung gewesen sind. Da der Lebenslauf in jedem Fall Ausdruck einer Persönlichkeit, eines individuellen Selbstverständnisses sein soll, verbieten sich schematische Forderungen an seine Abfassung. Er sollte jedoch die wesentlichen Informationen zur Person anschaulich, übersichtlich und ansprechend formulieren. In letzter Zeit setzt sich zunehmend die Abfassung des Lebenslaufes in tabellarischer Form durch. Sie wirkt vergleichsweise neutral und arbeitet rhetorischen Floskeln und inhaltlichen Doppelungen besonders wirksam entgegen. Beim tabellarischen Lebenslauf wirft man links in einer Spalte die wichtigsten Daten aus (gewöhnlich beginnend mit dem Geburtsdatum), rechts gibt man stichwortartig die für den Adressaten wissenswerten biographischen Informationen:

5. 2. 41   Geboren in Bamberg als Sohn des Technischen Angestellten Hermann Schneider und der Fachlehrerin Elisabeth Schneider, geborene Hauf.

1946–50   Besuch der Volksschule in Bamberg

1950–59   Besuch des Dientzenhofer-Gymnasiums in Bamberg. Abschluß mit der Reifeprüfung.

1959–64   Studium der Psychologie und Pädagogik an der Universität Erlangen.

usw.

Gerade der tabellarische Lebenslauf läßt sich natürlich am besten mit der Schreibmaschine abfassen. Häufig ist jedoch ausdrücklich ein handgeschriebener Lebenslauf gefordert, der u. a. auch graphologische Auswertungen erlaubt.

2.3 Wichtige Gliederungsteile wissenschaftlicher Manuskripte

Titel und Titelblatt

Der Titel einer wissenschaftlichen Arbeit erscheint grundsätzlich auf einem besonderen Titelblatt. Die äußere Gestaltung des Titelblatts wird auf S. 114–115 genauer erörtert. Anschauungsbeispiele (Titelblatt Dissertation, Titelblatt Seminararbeit) finden sich auf S. 140 und 141.

Beim Entwurf eines guten Titels ist seine Doppelfunktion zu beachten: 1) soll er möglichst prägnant über Gegenstand, Umfang und Anspruch eines Textes informieren, 2) soll er in der Regel auch dezent um Aufmerksamkeit für diesen Text werben. Umständliche, übergenaue Titel schmecken dabei nach Bürokratismus oder akademischer Fleißarbeit. Sie können mögliche Leser ebenso verschrecken wie Titel, die gekrampft feuilletonistisch sind oder deren hochgestochene Metaphorik in keinem echten Zusammenhang mit Gegenstand und Tonlage der eigentlichen Darstellung steht.

Informations- und Aufmerksamkeitswert eines Titels lassen sich oft durch einen geschickt eingearbeiteten Untertitel erhöhen. Der Titel „Eine Untersuchung von Newtons *Optics*" erlaubt beispielsweise noch keinerlei Schlüsse darüber, ob die Untersuchung sich primär den physikalischen, mathematischen, astronomischen oder den philosophisch-ideengeschichtlichen Aspekten von Newtons Werk widmet. Informativer wäre schon „Newtons *Optics:* Das Phänomen der Lichtbrechung und die zeitgenössische Erkenntnistheorie". Hat die Untersuchung jedoch einen besonderen ‚Aufhänger‘, kreist sie um irgendeine besonders bildhafte Vorstellung, so sollte der Titel diese auszudrücken suchen, z. B.: „Newtons *Optics:* Das Phänomen der Lichtbrechung und die zeitgenössische Erkenntnistheorie, dargestellt am Topos vom ‚zerstörten Regenbogen‘ ". Allerdings beginnt hier die Information schon auszuufern und der Einprägsamkeit und Überschaubarkeit des Titels Abbruch zu tun.

Widmung, Geleitwort, Motto

Die Widmung oder Zueignung wird gelegentlich auch bei der Veröffentlichung größerer wissenschaftlicher Arbeiten geübt (bei Aufsätzen wäre sie prätentiös). Die Zueignung eröffnet die Möglichkeit, an optisch herausragender Stelle, z. B. auf der Rückseite des Titelblattes, eine Dankesschuld an Personen, Institutionen usw. abzutragen, deren Mitwirkung am Entstehen der Veröffentlichung – sei es in persönlicher, fachlicher oder auch wirtschaftlicher Hinsicht – so gewichtig ist, daß eine Abgeltung des Dankes im Vorwort als nicht ausreichend erscheint.

Das Geleitwort stellt eine unmittelbare Beziehung zwischen den persönlichen Auffassungen des Verfassers – etwa seinen Befürchtungen oder Erwartungen hinsichtlich der Aufnahme seiner Gedanken – und dem von ihm verfaßten Werk her. Das Geleitwort wird in wissenschaftlichen Arbeiten selten gebraucht, da ein Vorwort auf weniger spektakuläre Weise dieselben Dienste leisten kann. Gelegentlich findet auch in wissenschaftlichen Arbeiten ein Motto, d. h. ein der Arbeit oder einem Arbeitsabschnitt vorangestelltes Zitat, Sprichwort o. ä. Verwendung.

Vorwort

Vorwort und Einleitung werden zuweilen nicht klar unterschieden. Im Gegensatz zur Einleitung ist das Vorwort kein integraler Bestandteil des eigentlichen Textes. Es nimmt alle Informationen auf, die zwar für den Leser von Interesse sind, sich aber nicht auf Arbeitshypothese und Arbeitsschritte der Untersuchung selbst beziehen. Dazu gehören z. B. Hinweise auf Motivationen, Erwartungen, Zielvorstellungen, faktische Gegebenheiten, die für Konzeption und Gang der Arbeit von Bedeutung waren. Dazu gehört insbesondere die Erwähnung jeder für das Gelingen der Arbeit wesentlichen fachlichen, persönlichen oder finanziellen Förderung, u. a. auch in Form von Stipendien, Forschungs- oder Druckbeihilfen der Deutschen Forschungsgemeinschaft usw.

Im Vorwort kann man auch für Hilfe danken, die oft mit großer Geduld und Sachkenntnis von Mitarbeitern wissenschaftlicher Bibliotheken, Archive und Sammlungen beim Nachweis von Forschungsmaterialien geleistet wird. Schließlich ist es guter Brauch, ‚Urhebern' (Verfassern) oder Nutzungsberechtigten (Privatpersonen oder Verlagen) für erteilte Abdruckerlaubnis solcher Materialien zu danken, die urheberrechtlich geschützt (siehe dazu auch S. 179–181) oder öffentlich nicht zugänglich sind (etwa nachgelassene Schriften in Privatbesitz u. ä.).

Das Vorwort ist als ein gesonderter Teil der Arbeit anzusehen. Es wird darum unterzeichnet und in der Regel noch mit Ort und Datum der Abfassung versehen. Kommt es zu Neuauflagen und nennenswerten Überarbeitungen, so wird zumeist auch das Vorwort neu geschrieben. Bisweilen werden auch nur ergänzende Vorworte mit Hinweisen auf bisherige Rezeption, Belassungen oder Veränderungen im Text o. ä. dem ersten Vorwort nachgestellt, wobei eine neue Datums- und Ortsangabe erfolgt.

Inhaltsverzeichnis, Disposition

Das Inhaltsverzeichnis erfaßt sämtliche Gliederungsteile, die ihm folgen – also z. B. nicht ein ihm vorangestelltes Geleitwort oder Vorwort.[1] Seine Aufgliederung sollte in vernünftigem Verhältnis zu Umfang und Anspruch des Textes stehen, dessen Strukturierung es augenfällig zu machen hat. Kürzere Arbeiten, insbesondere Seminararbeiten kommen, soweit sie überhaupt ein Inhaltsverzeichnis benötigen, in der Regel mit wenigen Gliederungspunkten aus (siehe auch S. 89–94). Extreme Feingliederung beeinträchtigt die Übersichtlichkeit und empfiehlt sich auch bei längeren Arbeiten nur, wenn schon das Inhaltsverzeichnis zu sehr punktuellen Informationen führen, d. h. in gewissem Sinne Nachschlagecharakter haben soll. Im übrigen ist auch bei längeren Arbeiten eine knappe, überschaubare Gliederung vorzuziehen, die sich wirkungsvoll durch ein detailliertes Namens- bzw. Sachregister ergänzen läßt (siehe auch S. 105 und 194–198). Über die Möglichkeiten textlicher Gliederung informiert S. 116–117. Zwei Beispiele werden auf S. 142–143 gegeben.

Bei wissenschaftlichen Arbeiten mit einübendem Charakter, insbesondere bei Seminararbeiten, ist einem ausführlichen Inhaltsverzeichnis zumeist eine Disposition, d. h. ein genauer Aufriß der vollzogenen Denk- und Arbeitsschritte vorzuziehen. Die Disposition macht den Aufbau der Arbeit transparenter und erleichtert auch dem Lehrenden Beratung und konstruktive Kritik.

---

[1] Abweichend schlägt Ewald Standop vor, ein sehr langes Vorwort dem Inhaltsverzeichnis nachzustellen, damit letzteres leichter auffindbar bleibt – siehe *Die Form der wissenschaftlichen Arbeit*, Uni-Taschenbücher, 272, 6., durchges. Aufl. (Heidelberg: Quelle u. Meyer, 1975), S. 29. In diesem Fall müßte das Vorwort natürlich im Inhaltsverzeichnis mit aufgeführt werden.

Quellenverzeichnis (Bibliographie)

Dieses Verzeichnis erfaßt sämtliche für den Entwurf der Fragestellung, die Auswahl des Materials und die eigentliche Durchführung einer wissenschaftlichen Arbeit herangezogenen primären und sekundären Quellen. Dies gilt sowohl für Quellen, die unmittelbar, d. h. wörtlich zitiert werden wie für solche, die nur mittelbar, d. h. durch eigene Paraphrase oder Zusammenfassung wiedergegeben werden. ‚Quellen' im eben bezeichneten Sinne können neben Veröffentlichungen in Buch- oder Aufsatzform auch unveröffentlichte, maschinenschriftliche, fotokopierte oder andere Materialien sein, ebenso Vorlesungen, Vorträge, Rundfunk- und Fernsehsendungen, Schallplatten oder Tonbänder. Form und Aufbau des Quellenverzeichnisses werden im fünften Arbeitsschritt gründlicher dargestellt.

Nach den Richtlinien für Dissertationen gehört das Quellenverzeichnis vor den eigentlichen Text. Die Anfangsstellung ist einleuchtend, soweit es sich um eine vergleichsweise kleine Zahl von Quellen handelt, die sehr häufig zitiert werden und eventuell mit einem Abkürzungsverzeichnis verbunden werden sollen (siehe unten). Im übrigen erscheint es unbedenklich, bei wissenschaftlichen Arbeiten das Quellenverzeichnis an das Ende der Arbeit zu stellen. Handelt es sich um ein Verzeichnis, das schon seinem Umfang nach eine gewichtige Einheit für sich darstellt, so ist die Endstellung vorzuziehen, weil sonst der Zusammenhang von Titel, Vorwort, Inhaltsverzeichnis einerseits und Durchführungsteil andererseits erheblich gestört wird. Wird einer größeren Arbeit ein Namen- oder Sachverzeichnis angefügt, so muß es der raschen Auffindbarkeit wegen an das Ende gestellt werden. Das Quellenverzeichnis rückt dann unmittelbar vor das Namen- und Sachverzeichnis.

Abkürzungsverzeichnis,
Verzeichnis der verwendeten Formelzeichen

Abkürzungen, die über das Sprach- bzw. Fachübliche hinausgehen und dem Leser nur mit einem Schlüssel verständlich werden, sollte man nur in zwingenden Fällen verwenden. Sie sind einführend durch ein Abkürzungsverzeichnis zu erklären, das dem Quellenverzeichnis (bzw. bei Endstellung des Quellenverzeichnisses dem Inhaltsverzeichnis) nachgestellt wird. Sollen Abkürzungen für die Titel des Quellenverzeichnisses verwendet werden, so setzt man den notwendigen bibliographischen Angaben zu jeder Quelle links auf dem Blatt die jeweils gewählte Abkürzung des Titels gegenüber, die dann im Text durchgehend verwendet wird.

Ein zwingender Grund für die Verwendung von Abkürzungen kann vorliegen, wenn eine kleine Zahl von Quellen sehr häufig zitiert wird und Titelabkürzungen erheblich Schreibarbeit oder Druckkosten einsparen, ohne die Lesbarkeit des Textes über Gebühr zu beeinträchtigen. Ähnliches gilt für das Abkürzen häufig wiederkehrender Namen, Begriffe, Wendungen, die in ihrer vollen Form besonders schwerfällig wirken und den Fluß des Textes stören. Zum Sinn und Unsinn von Abkürzungen sowie zu den gebräuchlichsten Abkürzungsverfahren insbesondere bei Buch- und Zeitschriftentiteln, bibliographischen Begriffen u. ä. siehe auch S. 129–138.

Als eine besondere Variante der Abkürzungen lassen sich mathematisch-technische Formelzeichen ansehen. DIN 1304 legt in der Fassung vom November 1971 die bevorzugt zu benutzenden Formelzeichen fest. Da die Zeichengebung aber variieren kann, empfiehlt es sich, insbesondere bei umfangreicheren wissenschaftlichen Arbeiten eine Liste der benutzten Formelzeichen zu erstellen. Sie wäre dann analog dem Abkürzungsverzeichnis einzuarbeiten.

Einleitung, Durchführungsteil, Schluß

Die Einleitung ist im Gegensatz zum Vorwort ein integraler Bestandteil des eigentlichen Textes. Sie eröffnet die Möglichkeit, Zielsetzungen und Arbeitshypothesen, historische Voraussetzungen der Fragestellung, angewandte Methoden, Kriterien der Materialauswahl, eigene Begriffsbildungen u. ä. herauszuarbeiten sowie den eigenen Arbeitsansatz gegen die allgemeine Forschungslage hinsichtlich des gewählten Themas abzugrenzen.

Der Durchführungs- oder Hauptteil der Arbeit erprobt in der Regel die in der Einleitung entwickelten Arbeitshypothesen. Dies kann naturgemäß auf vielfältige Weise geschehen. Fast immer charakterisiert den Hauptteil eine ausführliche Auseinandersetzung mit Texten und Materialien, gestützt auf Experimente, Berechnungen, Tests, Erhebungen, Befragungen u. ä.

Der Durchführungsteil akkumuliert, oft in einer ganzen Reihe von Arbeitsschritten, das Beleg- und Beweismaterial für den Schlußteil der Untersuchung. Letzterer faßt die in Einzelschritten gewonnenen

Ergebnisse pointierend (nicht nur wiederholend) zusammen, wertet sie aus und bestimmt ihren Stellenwert für die allgemeine Forschungslage.

Ergänzende Materialien

Ergänzende Materialien wie Belegsammlungen, Statistiken, Tabellen, Zeichnungen, Bild- und Übersichtstafeln, die wesentlich zur Sicherung oder Veranschaulichung der im Haupttext aufgestellten Thesen beitragen, können diesem auch in einem gesonderten Anhang nachgestellt werden (auf die DIN-Vorschriften zur schreibtechnischen Gestaltung von Zeichnungen, Tabellen, graphischen Darstellungen usw. wird auf S. 121 hingewiesen). Dies ist unter Umständen ratsam, wenn solche Materialien des besseren Überblicks wegen zusammenhängend dargeboten werden sollen oder wenn sie einen solchen Umfang annehmen, daß ihre Einarbeitung den eigentlichen Textzusammenhang sprengen würde. Ähnliches gilt für Exkurse, d. h. für Erörterungen, die über den Rahmen der eigentlichen Argumentation hinausführen, sie aber auf informative Weise ergänzen oder kontrapunktieren. In keinem Fall sollte der Textanhang zum bloßen Abladeplatz für Materialien werden, die sich im Rahmen der Gesamtargumentation als zu peripher erwiesen haben. Im übrigen kann eine erläuternde Überschrift dem Leser helfen, die besondere Funktion und Notwendigkeit des Anhanges zu würdigen.

Namen- und/oder Sachverzeichnis (Register, Index)

Das Namen- oder Sachverzeichnis (auch Register, Index) erschließt den wissenschaftlichen Text nach den in ihm erwähnten Personen oder Sachbegriffen. Die Sachbegriffe müssen zur alphabetischen Einordnung allerdings auf Schlag- oder Stichwörter reduziert werden. In der Mehrzahl der wissenschaftlichen Arbeiten wird sich eine Verbindung von Namen- und Sachverzeichnis als sinnvolles Verfahren anbieten.

Das Zusammenstellen eines Namen- und/oder Sachregisters erfordert ohne Frage zusätzliche Mühe. Es erhöht aber den Gebrauchswert der betreffenden Arbeit für den nur an bestimmten Namen oder Sachbegriffen interessierten Leser ganz erheblich. Ein solches Verzeichnis sollte darum bei keiner längeren, zur Veröffentlichung bestimmten Untersuchung fehlen. Wegen der besseren Benutzbarkeit ist ihm im Text grundsätzlich die Endstellung einzuräumen (zum Erstellen des Registers siehe genauer S. 195–197).

3 DRITTER ARBEITSSCHRITT:

DAS ERSTELLEN DES MANUSKRIPTS

3.1 Darstellungsweise und Stil

Stilistisches Spektrum

Zwischen dem Formalismus der Hochsprache und der oft erfrischenden Bildhaftigkeit des Umgangssprachlichen öffnet sich auch dem wissenschaftlich Arbeitenden ein breites Spektrum stilistischer Möglichkeiten. Reglementierungen sind hier weder möglich noch wünschenswert. Temperament, Stil und Intention des Autors, Anlaß und Sachgegenstand spielen bei der Wahl der Darstellungsweise komplex ineinander. Dennoch mögen einige Anmerkungen zum wissenschaftlichen Sprachverhalten gestattet sein.

Perspektive der Darstellung

Die Darstellung der eigenen Überlegungen aus einer deutlichen Ich-Perspektive ist bei vielen Wissenschaftlern noch als unfein verpönt. Dabei ist sie in verschiedenen Formen der wissenschaftlichen Polemik hochgradig funktional: etwa in einem engagierten Leserbrief, einer Replik auf eine als anfechtbar empfundene Buchbesprechung, einem Beitrag zum Forum einer wissenschaftlichen Zeitschrift. Aber auch in wissenschaftlichen Arbeiten mit höherem Objektivitätsanspruch ist die Ich-Form grundsätzlich der Scheinbescheidenheit bzw. der editorialen Anonymität des ‚wir‘ vorzuziehen. Ebenso überholt wirkt das Verstecken der eigenen Haltung hinter der dritten Person (‚der Verfasser gibt zu bedenken‘ u. ä.). Im übrigen bieten sich mannigfache Möglichkeiten, die Ich-Perspektive unaufdringlicher zu vermitteln (‚hierzu ist festzuhalten‘, ‚dem wäre noch hinzuzufügen‘, ‚mit Nachdruck muß der Auffassung widersprochen werden‘ u. ä.).

‚Fachjargon‘

Als vor mehr als einem Jahrzehnt die erste Auflage dieser Anleitung erschien, bestand Anlaß, vor dem elitären Gehabe eines ‚gelehrten‘ Stils zu warnen, der sich in gesuchten Fremdwörtern, hochgestochenen Abstraktionen und weitgespannten Satzperioden kundtat. Heute zeigen sich viele Autoren, insbesondere im Umkreis der Politik- und Gesellschaftswissenschaften, aus oft achtbaren Gründen allergisch gegen alle standeselitären Ansprüche. Ironischerweise aber scheinen gerade die ideologiekritisch engagierten Arbeiten besonders häufig einem Sprachverhalten zu verfallen, das von Anglizismen, Latinismen, rhetorischen und syntaktischen Verklausulierungen nur so strotzt. Den wenigsten dieser Autoren scheint bewußt zu sein, wie erfolgreich sie damit eine neue, ebenso praxisferne wie arrogante Geheimsprache der ‚Gebildeten‘ entwerfen.

Natürlich kommt heute kein Wissenschaftsbereich mehr ohne ein erhebliches Maß an Fachterminologie aus. Dieses Vokabular kann für den Fachkundigen die Vermittlung von Informationen erheblich beschleunigen. Auch die Nutzung von Anglizismen erleichtert, seit das Anglo-Amerikanische in Nachfolge des Lateinischen zur internationalen Wissenschaftssprache geworden ist, spürbar den internationalen wissenschaftlichen Dialog. Wenn jedoch ein Verfasser mit Bierernst die ‚genuine Stringenz‘ oder ‚präsumptive Effizienz‘ von ‚multimedialen interaktionellen Relationen‘ oder Ähnlichem ausbietet, so ist die Grenze erreicht, jenseits derer der kontrollierte Einsatz von Fremdwörtern zu einem wissenschaftlichen Rotwelsch absinkt, das sich selbst zu parodieren beginnt.

Vergleich, Verbildlichung

Eines der wirkungsvollsten Mittel zur Erhellung wissenschaftlich-theoretischer Zusammenhänge ist der veranschaulichende Vergleich. Und doch trifft man in wissenschaftlichen Arbeiten, und keineswegs nur auf der Ebene von Seminararbeiten, auf eine Blütenlese schiefer, oft unfreiwillig komischer Vergleiche und Verbildlichungen. Sie machen nur allzu deutlich, wie hohe Anforderungen gerade die treffende Veranschaulichung an Sprachgefühl und didaktisches Vermögen stellt. Es lohnt darum, eigene Verbildlichungen immer wieder kritisch auf zwei für ihren Aufmerksamkeits- und Informationswert entscheidende Faktoren hin zu überprüfen:

1) Aktiviert man wirklich frische, noch sprachlich unverbrauchte Bilder oder fällt man auf längst abgegriffene, vom Leser kaum mehr konkret verbildlichte Wendungen zurück?

2) Sind Bildempfänger und Bildspender von ihren Anschauungs- und Sinnassoziationen her überhaupt ohne weiteres vergleichbar?

Erfahren wir beispielsweise in einer Arbeit über Melvilles *Moby-Dick*, das verlorene Bein des monomanischen Kapitäns ziehe sich wie ein roter Faden durch den Roman, so sind der Cliché-Charakter des Bildes vom roten Faden, die Unvergleichbarkeit des Fadens mit Ahabs Bein und die ungewollte Komik gleichermaßen augenfällig.

Satz und Absatz

Der Satz ist das elementarste gedankliche Gliederungsmittel eines Textes. So offensichtlich dies ist, so oft bieten doch wissenschaftliche Texte dem Leser diese elementare Verständnishilfe nicht in optimaler Form. Immer wieder muß sich der Leser durch zu lange, unübersichtliche, oft durch ungenaue syntaktische Bezüge noch zusätzlich komplizierte Satzgebilde tasten. Verallgemeinerungen sind hier sicher problematisch. Dennoch wird man als Faustregel festhalten dürfen, daß Sätze, die über mehr als fünf bis sechs Schreibmaschinenzeilen ausgreifen, besser noch einmal auf ihre Verständlichkeit zu befragen und im Zweifelsfalle in kürzere Einheiten aufzubrechen sind. Dies bedeutet natürlich kein Plädoyer für einen monoton parataktischen, in ein Stakkato kurzer Hauptsätze zerhackten Stil. Stark hypotaktische, d. h. als kontrolliertes Ineinander von Haupt- und Nebensätzen gestaltete Satzrhythmen können insbesondere an Stellen mit gesteigertem Aufmerksamkeitswert wirkungsvoller sein. Im allgemeinen wird der Wechsel zwischen einfacheren und aufwendigeren Satzstrukturen je nach dem aufzählenden, beschreibenden, spekulativen oder evokativen Charakter des Auszusagenden die Aufmerksamkeit des Lesers am besten wachhalten.

Der Absatz erlaubt es, innerhalb einer größeren Gliederungseinheit wie Seminararbeit, Zeitschriftenaufsatz, Buchabschnitt, auch die einzelnen Argumentationsschritte optisch gegeneinander abzusetzen. Er sollte also stets eine gewisse Sinneinheit konstituieren. Dabei wirkt das Auffasern eines Textes in eine Vielzahl aphoristischer, oft kaum mehr als einen Satz umfassender Mini-Absätze ebenso ermüdend wie Endlos-Absätze, die gleich über mehrere Manuskriptseiten reichen. Als Erfahrungswert läßt sich festhalten, daß im Mittel etwa ein bis drei Absätze pro Schreibmaschinenseite dem Leser die optische und gedankliche Orientierung besonders erleichtern. Natürlich können andere Feingliederungen wie Aufzählungen, Bildmaterialien, Tabellen, Formelreihen u. ä. streckenweise die Funktion des Absatzes übernehmen.

3.2 Vom Zettelmanuskript zur Reinschrift

Arbeitsphasen

Beim Erstellen des Manuskripts einer wissenschaftlichen Arbeit lassen sich im allgemeinen vier Arbeitsphasen unterscheiden: Zettelmanuskript, Rohmanuskript, Vorentwurf zur Reinschrift und eigentliche Reinschrift.

Zettelmanuskript

Haben sich in der auf S. 81–83 erörterten Projektablage genügend Materialien zu einem Textabschnitt angesammelt, liegen zu diesen Materialien bereits ausformulierte Beobachtungen und Teilausarbeitungen vor, und zeichnen sich zugleich die Umrisse einer Rohdisposition ab, so sollte man mit der Anlage eines Zettelmanuskripts beginnen. Dazu reiht man alle für die endgültige Verwendung im Text vorgesehenen Informationen entsprechend der Rohdisposition im Pultordner (siehe S. 24–25 und 81–82) hintereinander und formuliert auf weiteren Zetteln die noch nötigen gedanklichen Verknüpfungen und Übergänge zwischen ihnen. So entsteht ein mehr oder minder locker komponiertes Zettelmanuskript, das für die Gestaltung des Rohmanuskripts eine wesentliche Hilfe bietet.

Rohmanuskript

Die erste durchgängige Fassung des Textes bezeichnet man als Rohmanuskript. Sie wird hand- oder maschinenschriftlich auf DIN-A 4-Blättern angefertigt, die man nur einseitig beschriftet und links mit einem reichlichen Rand (mindestens 20 Anschläge oder 50 mm, bei seitlicher Heftung oder Bindung 25 Anschläge oder 65 mm) für Verbesserungen, Nachträge u. ä. versieht. Die Manuskriptseiten werden zweckmäßig in einem Klemmrücken oder gelocht in einem Aktenordner abgelegt; in beiden lassen sie sich leicht auswechseln und ergänzen. Bei umfangreicheren Projekten ist es ratsam, in überschaubaren Abschnitten bis höchstens Kapitellänge vorzugehen. Erfahrungsgemäß bringt die genaue Formulierung eines Abschnittes meist noch erhebliche Umakzentuierungen, die auch die Materialauswahl und Gestaltung der Folgeabschnitte verändern können.

Angesichts des noch provisorischen Textstandes ist es unökonomisch, schon in das Rohmanuskript alle Quellenwiedergaben und

-belege vollständig einzuarbeiten. Meist dürfte Zitatanfang und -ende sowie eine knappe Identifikation der Quelle genügen. Liegen bereits längere Exzerpte auf Zetteln oder Karteikarten vor, so lassen sie sich einfach in den Text einkleben oder mit Büroklammern am seitlichen Rand anheften.

Vorentwurf zur Reinschrift

Liegt der Gesamttext (mit möglicher Ausnahme von Quellen- und Sachverzeichnis – siehe S. 111) im Rohmanuskript vor, so beginnt man maschinenschriftlich den Vorentwurf zur Reinschrift. Sämtliche Zitate und Zitatbelege werden nunmehr sorgfältig in vollem Wortlaut in den Text übertragen.

Fußnoten können im Vorentwurf jeweils unmittelbar unter der Textzeile eingesetzt werden, auf die sie sich beziehen (ein Beispiel siehe auf S. 144). Die Folgezeile fährt dann einfach im Wortlaut der letzten Zeile oberhalb der Fußnote fort. Da die Fußnoten drei Anschläge eingerückt und engzeilig geschrieben werden, heben sie sich optisch klar vom eigentlichen Text ab und behindern die Lektüre kaum. Der Vorteil des Verfahrens liegt darin, daß bei der Reinschrift der Text der jeweiligen Seite aus dem Vorentwurf zügig heruntergetippt werden kann. Nach der letzten Textzeile muß zwangsläufig genau der Raum freibleiben, den die Anmerkungen am Fuß der Seite noch beanspruchen. Das zeitraubende Auszählen der noch für den Anmerkungsapparat benötigten Freizeilen entfällt.

Ergeben sich bei den Überarbeitungen am Vorentwurf noch größere Veränderungen, so tippt man den Neutext, schneidet ihn aus und überklebt die alte Stelle im Text. Fällt der neue Text länger aus als der alte, so klebt oder heftet man ihn nur am oberen Rand auf der alten Textstelle fest. Bei der Reinschrift wird das überlappende Stück zum Weiterlesen hochgeklappt.

Reinschrift: Mehrfachkopien

Die Reinschrift eines Manuskripts für Seminar, Fakultät oder Verlag erfolgt in jedem Fall maschinenschriftlich. Da Manuskripte nicht nur beim Versand oder auf Reisen abhanden kommen können, fertigt man das Original grundsätzlich mit mindestens einem Durchschlag mehr an, als man später aus der Hand geben muß. Mehrfachkopien können im übrigen, wenn ein Manuskript – z. B. bei einer

Dissertation oder Habilitationsschrift – von mehreren Gutachtern gelesen werden muß, den Beurteilungsprozeß erheblich beschleunigen. In jedem Fall beachte man die entsprechenden Vorschriften von Fakultät oder Verlag.

Benötigt man z. B. von einer Seminararbeit als Diskussionsgrundlage eine größere Anzahl von Kopien, so kann es kostengünstig sein, wenn man die Reinschrift direkt auf Matrizen schreibt und dann die gewünschte Zahl von Seiten abzieht. Ist ein zu kopierender Text mit zahlreichen handschriftlichen Eintragungen durchsetzt (z. B. mit Passagen in einem Symbolsystem, mit komplizierten Zeichnungen, Diagrammen u. ä.), so bietet sich die Vervielfältigung durch Kopien als besonders zeitsparend an.

Reinschrift: Einarbeitung von Fußnoten, Quellenverzeichnis, Register

In der Reinschrift rückt man die im Vorentwurf noch in den laufenden Text integrierten Fußnoten (siehe S. 110–111) nunmehr an den Fuß der jeweiligen Seite. Hat man Quellen-, Namen- oder Sachverzeichnis im Vorentwurf noch nicht ausgearbeitet, sondern nur als Zettelverzeichnis angelegt, so werden die aus der Projektablage zusammengestellten bibliographischen Zettel bzw. die aus dem Gesamttext für die Anlage des Registers auf Zetteln ausgeworfenen Stichwörter nunmehr direkt in den Text der Reinschrift übertragen. Das Verfahren fordert wegen der notwendigen (zumeist alphabetisierenden) Ordnung der Karteikarten oder Zettel besondere Aufmerksamkeit, vermeidet jedoch erheblichen Zeitaufwand sowie Vermehrung von Fehlerquellen durch Mehrfachabschreiben. Außerdem stehen erst nach Vollendung der Reinschrift die Seitenangaben für das Register endgültig fest (für die Erstellung eines Registers bei der Drucklegung siehe S. 195–197).

Reinschrift: Formal einwandfreier Text

Abschließend ist darauf hinzuweisen, daß jedes zum Einreichen bei Hochschule oder Verlag bestimmte Manuskript, angefangen bei der ersten schriftlichen Arbeit für den Grundkurs, besonders sorgfältig zu tippen, aufmerksam zu korrigieren und auf die Richtigkeit sämtlicher Zitate und Belege hin zu überprüfen ist. Schlampiges Tippen eines Textes, entstellendes Wiedergeben und fehlerhaftes Belegen von Quellen, Unsicherheit in Rechtschreibung und Zeichen-

setzung sind Zumutungen für den Leser, vergrößern den Korrekturaufwand, mindern die wissenschaftliche Vertrauenswürdigkeit des
Manuskriptes und können spürbare Auswirkungen auf seine Beurteilung haben (bezüglich der durch mangelhafte Manuskripte möglicherweise entstehenden Mehrkosten bei der Drucklegung siehe
unten, S. 186).[1]

3.3 Hinweise zur Texterstellung

Schreibtechnische Gestaltung

Für die Reinschrift des Manuskripts empfiehlt sich ein schwereres,
radierfestes DIN-A 4-Papier, das nur einseitig in anderthalbfachem
Zeilenabstand beschriftet wird (für die mögliche Benutzung von
vorgedruckten DIN-A 4-Blättern mit Schreibrandbegrenzung für
Druckvorlagen siehe unten, S. 185–186). Links ist auf jeden Fall
ein ausreichender Rand für Korrekturen, Anmerkungen des Beurteilers usw. freizuhalten. Der Rand sollte bei normaler Schriftgröße
mindestens zwanzig Anschläge (ca. 50 mm), bei seitlich geheftetem
oder gebundenem Manuskript fünfundzwanzig Anschläge (65 mm)
betragen. Rechts genügen drei bis fünf Anschläge (etwa 10 bis
15 mm). Der Anfang eines Kapitels, Abschnitts o. ä. beginnt etwa
sieben, der jeder normalen Textseite etwa fünf Leerschaltungen (anderthalbfach) unter dem oberen Rand. Vom unteren Rand hält
man etwa vier Leerschaltungen Abstand.[2]

Längere Zitate, ausführliche Beispiele u. ä. (etwa von drei Zeilen
Länge an) rückt man gegenüber dem eigentlichen Text um drei
Anschläge nach rechts ein und schreibt sie engzeilig (siehe auch
unten, S. 122–123). Fußnoten werden durch eine zusätzliche Leerschaltung und eventuell durch einen über etwa ein Drittel der Zeile

---

[1] Für Rechtschreibung und Zeichensetzung sind die Regeln des *Duden:
Rechtschreibung der deutschen Sprache und der Fremdwörter*, 17., neu
bearb. und erw. Aufl. (Mannheim: Bibl. Inst., 1973) zu beachten.
Wichtige Hinweise für maschinenschriftliche Texte enthält Normblatt
DIN 5008, „Regeln für Maschineschreiben" vom Nov. 1975.

[2] Gelegentlich werden für die Seitenbeschriftung Anschlag- und Zeilennormen genannt. Der BDÜ (Bund der Dolmetscher und Übersetzer)
z. B. geht von 55 Anschlägen pro Zeile und 38 Zeilen pro Seite aus.

gehenden Strich vom Text darüber abgesetzt, drei Anschläge nach rechts eingerückt und engzeilig geschrieben (siehe auch unten, S. 128–129).

Die einzelnen Textteile, Vorwort, Einleitung, Kapitel, Quellenverzeichnis, Anhänge usw. erhalten gesonderte, in Großbuchstaben zu schreibende Überschriften. Überschriften von Buchteilen werden auf einem gesonderten Blatt ausgeworfen. Im übrigen erscheint die jeweilige Überschrift etwa sieben Leerschaltungen (45 mm) unter dem oberen Rand. Der eigentliche Text beginnt dann etwa 10 Leerschaltungen (d. h. ca. 60 mm) unter dem oberen Rand.

Absätze werden durch eine zusätzliche Leerschaltung (engzeilig) voneinander abgesetzt. Die erste Zeile wird (im Gegensatz zu dem heute für Korrespondenz üblichen Verfahren) jeweils um fünf Anschläge (13 mm) nach rechts eingerückt. Dies entspricht dem Bild der gedruckten Seite und erleichtert die optische Orientierung. Im übrigen siehe die Hinweise in den folgenden Abschnitten und die auf S. 139–146 zusammengestellten Beispielseiten, insbesondere die Musterseite auf S. 145.

Seitenzählung

Die Seitenzahlen werden zentriert (ohne Berücksichtigung der Randleiste) und ohne Zusatz von Klammern, Strichen oder anderen Verzierungen zwei Leerschaltungen (etwa 15 mm) unter den oberen Blattrand gesetzt. Bei Seminararbeiten zählt man in der Regel Titelseite, Disposition u. ä. nicht mit. Alle umfangreicheren Arbeiten werden jedoch von der ersten beschriebenen Seite an durchgezählt. Die Zahlen erscheinen allerdings erst nach dem Titelblatt.

Die Paginierung erfolgt grundsätzlich in arabischen Ziffern. Wird jedoch die Titelei (d. h. Titel, Vorwort, Inhaltsverzeichnis und alle sonstigen Teile, die dem eigentlichen Text vorgeschaltet sind) sehr umfangreich, so kann entsprechend den in der Sonderreihe zum *Großen Duden* herausgegebenen *Satzanweisungen und Korrekturvorschriften* dieser erste Teil auch in großen römischen Ziffern durchgezählt werden.[1] Die Paginierung nach zwei Systemen bietet sich auch als Ausweg an, wenn das Vorwort erst nach dem Gesamttext fertiggestellt werden kann und sonst die Durchzählung des gesamten Textes erst zum Schluß erfolgen könnte. Wird die Titelei römisch paginiert,

---

[1] Duden-Taschenbücher, Bd. 5, 3., erw. und verb. Aufl. (Mannheim: Bibliogr. Inst., 1973), S. 38–39.

so beginnt die arabische Zählung mit 1 auf der ersten Seite des Haupttextes. Zum Haupttext zählt (neben der Einleitung) bei einer Aufgliederung in mehrere Buchteile auch die Seite, die den Vortitel zum ersten Buchteil trägt.

Nach DIN 1422 in der Fassung vom August 1952 sind zwischengefügte Blätter durch angefügte Kleinbuchstaben (36 a, 36 b usw.) nach der Nummer des vorhergehenden Blattes (36) zu kennzeichnen. Dabei soll der Anschluß am Fuß des vorhergehenden Blattes durch ‚folgt' mit der Benummerung des folgenden Blattes gekennzeichnet werden (‚es folgt 36 a' auf Blatt 36, ‚es folgt 37' auf Blatt 36 a). Entfallen ganze Blätter, so ist das vorhergehende Blatt mehrfach zu benummern, z. B. Blatt 36 mit ‚36 und 37', wenn 37 entfällt.

Ebenfalls nach DIN 1422 sind Bilder und Tafeln je für sich mit durchlaufenden Zahlen und mit Unter- oder Überschriften zu versehen. Bilder und Tafeln, die im Anhang erscheinen, sind ggf. anschließend an Bilder im Hauptteil zu benummern.

Gestaltung des Titelblattes

Der Text des Titelblattes wird zentriert, d. h. jede Zeile rückt in die optische Mitte zwischen den seitlichen Rändern. Bei Arbeiten, die gebunden werden, sind links etwa 30 mm (10 Anschläge) Rand abzurechnen. Die optische Mitte verlagert sich dadurch um etwa 15 mm (5 Anschläge) nach rechts. Für die optische Aufgliederung des Textes siehe die Vorschläge auf S. 140 (Titelblatt Dissertation) und S. 141 (Titelblatt Seminararbeit).

Für die Textgestaltung des Titelblattes gibt es bei Arbeiten mit Prüfungscharakter einschließlich Dissertationen häufig Rahmenregelungen der für die Prüfung zuständigen Stellen (Fakultät, Fachbereich, Behörde). Fehlen sie, so sollte man sich zunächst an der üblichen Form bisher eingereichter Arbeiten orientieren. In der Regel kann das Titelblatt untereinander die folgenden Angaben enthalten:

1) Herkunft der Arbeit, sofern diese ausdrücklich mit einer bestimmten wissenschaftlichen Einrichtung identifiziert werden soll (z. B. ‚aus dem 2. Medizinischen Institut der Universität ...').
2) Titel (darunter ggf. Untertitel) der Arbeit.
3) Funktion der Arbeit (z. B. ‚Seminararbeit', ‚Zulassungsarbeit', ‚Inauguraldissertation' mit der an der jeweiligen Fakultät bzw. im Fachbereich üblichen Formel.

4) Adressat der Arbeit (z. B. ,vorgelegt beim Fachbereich 15 der Universität'; bei Seminararbeiten ,Seminararbeit für', dann Titel des Seminars, Semester, Name des Leiters der Veranstaltung).

5) Verfasser der Arbeit (,vorgelegt' oder ,eingereicht von' und Name, dazu eventuell Angabe, im wievielten Fachsemester).

6) Termin der Ablieferung (bei Dissertationen Universitätsort und Jahr der Ablieferung).

Bei Dissertationen ist auf der Rückseite des Titelblattes untereinander noch Folgendes einzutragen:

Dekan:

Referent (bzw. 1. Berichterstatter):

Korreferent (bzw. 2. Berichterstatter):

Tag der mündlichen Prüfung:

Zur Drucklegung von Dissertationen siehe auch S.183.

Textgliederung nach Ordnungszahlen und -buchstaben

Im Interesse der Überschaubarkeit sollten die Materialien einer Arbeit so aufgegliedert werden, daß sich die einzelnen Textteile nach thematischem Gewicht, Umfang und Grad der Feingliederung nicht über Gebühr unterscheiden. Ungeschicklichkeiten in der Gewichtung oder Inkonsequenzen im schematischen Aufbau beeinträchtigen neben dem Erscheinungsbild auch die Steuerungsfunktion des Inhaltsverzeichnisses.

Für die schematische Gliederung wissenschaftlicher Arbeiten gibt es keine allgemein verbindlichen Regeln. Da die verschiedenen Disziplinen unterschiedlich verfahren, empfiehlt sich die Konsultation jüngerer Standardwerke des eigenen Faches. Eine mögliche Rangstufung und Zählweise ist nachfolgend skizziert – bei wenig gegliederten Arbeiten können einzelne Kategorien wie Buchteil, Kapitel-Teil oder Unterabschnitt entfallen:

Erster Teil (Buchteil)
   I. (Kapitel)
      A. (Teil eines Kapitels)
         (§) 1. (Paragraph)
            a) (Abschnitt)
            α) (Unterabschnitt)

Zuweilen zählt man Kapitel auch dann durch den ganzen Text hindurch, wenn ihnen Buchteile vorgeordnet sind. Der Vorteil ist, daß so bei einer Verweisung auf ein bestimmtes Kapitel dieses sich leichter finden läßt. Es wäre jedoch dann konsequenter, ganz auf Buchteile zu verzichten und die Kapitel von Anfang an als ranghöchste Gliederungseinheit zu betrachten (zur schreibtechnischen Gestaltung von Gliederungen siehe auch die Beispielseiten auf S. 139–146).

Textgliederung nach Ordnungszahlen (‚Dezimalgliederung‘)

Neben der Gliederung nach Buchstaben und Zahlen setzt sich das oft ungenau als ‚Dezimalgliederung‘ bezeichnete Verfahren der Abschnittsnumerierung nach arabischen Ziffern weiter durch. Es wird in DIN 1421, Blatt 1 genauer beschrieben.

Nach DIN 1421 werden die Hauptabschnitte (1. Stufe) eines Textes von 1 an fortlaufend numeriert. Jeder Hauptabschnitt kann wiederum in beliebig viele Unterabschnitte (2. Stufe) unterteilt werden, die ebenfalls fortlaufend numeriert werden. Das gleiche gilt für die 3. und alle weiteren Stufen. Trägt der erste Abschnitt einer Stufe einleitenden Charakter, so kann er mit 0 (Null) bezeichnet werden. Die weiteren Abschnitte werden dann von 1 an durchgezählt. Im nachfolgend skizzierten Schema wird die 0 nicht verwendet:

1. Stufe	2. Stufe	3. Stufe
1		
2		
3	3.1	
4	3.2	
.	3.3	
.	.	
.	.	
	.	
	3.9	
	3.10	3.10.1
	3.11	3.10.2
		3.10.3
		3.10.4
		.
		.
		.
		3.10.9
		3.10.10.
		3.10.11 usw.

Nach DIN 1421 sollen die Abschnittsnummern nur in Verbindung mit Überschriften oder mit einem typographisch hervorgehobenen Stichwort am Abschnittsbeginn verwendet werden. Nach jeder Abschnittsnummer in jeder Stufe steht ein Punkt. Der in der Erstfassung von DIN 1421 noch geforderte Schlußpunkt nach der letzten Zahl ist in der Neufassung von 1975 (entsprechend internationalen Normen) entfallen.

Die Abschnittsnumerierung erlaubt eine praktisch unbegrenzte Untergliederung. Man kann jedoch die in DIN 1421 erhobene Forderung, die Untergliederung so zu beschränken, daß die Abschnittsnummern übersichtlich und leicht lesbar bleiben, nur nachdrücklich unterstützen.

Optische Hervorhebungen

In wissenschaftlichen Manuskripten findet sich immer noch eine bunte Mischung von Mitteln optischer Emphase. Besonderer Beliebtheit erfreuen sich Sperrdruck, d. h. Spreizen eines Wortes durch Spatien zwischen den Buchstaben, Großschreibung ganzer Wörter sowie Unterstreichung. Diese und ähnliche Mittel werden eingesetzt, um wichtige Namen, Begriffe oder ganze Passagen optisch aus dem Textzusammenhang herauszuheben.

Grundsätzlich ist darauf hinzuweisen, daß viele dieser Hervorhebungen im allgemeinen Schriftbrauch unüblich sind. Sie bringen Unruhe in das Schriftbild und können in einigen Fällen auch Verwirrung stiften. Ehe man sie einsetzt, sollte man sich darum wenigstens zwei Dinge fragen: 1) Läßt sich die gewünschte Steigerung der Aufmerksamkeit nicht ebenso wirkungsvoll durch syntaktische Mittel, d. h. durch geschicktes Plazieren der in Frage stehenden Wörter in emphatische Satzpositionen erreichen? 2) Ist das gewählte optische Verfahren nicht schon für die Auszeichnung ganz bestimmter Sachverhalte (Quellentitel, fremdsprachiger Einschub, Zitat o. ä.) reserviert?

‚Reserviert‘ ist besonders die Unterstreichung. Sie signalisiert dem Drucker stets einen anderen Schriftsatz – bei maschinenschriftlichen Manuskripten anstelle der früheren Wellenlinien zunehmend den Kursivsatz. Für Hinweise auf ‚reservierte‘ Signale siehe S. 117–120.

Literaturangaben, Quellenbelege

Die optische Heraushebung zitierter Veröffentlichungen wird in deutschen Texten unterschiedlich gehandhabt. Diese Anleitung schließt sich dem anglo-amerikanischen, u. a. im *MLA Style Sheet* dargestellten Verfahren an, das infolge der wissenschaftlichen Bedeutung des englischsprachigen Schrifttums den meisten deutschen Wissenschaftlern sowieso geläufig ist und zunehmend internationale Verbreitung findet. Es macht eine optische, auch für die Suche nach Titeln in Bibliothekskatalogen oder Bibliographien nützliche Unterscheidung zwischen selbständig und unselbständig erschienenen Veröffentlichungen. Titel selbständig erschienener Veröffentlichungen werden unterstrichen (entspricht Kursivdruck), Titel unselbständig erschienener hingegen in doppelte Anführungsstriche gesetzt.

Selbständig erschienene Veröffentlichungen (deren Titel man in Bibliothekskatalogen finden kann) sind solche mit eigenem Titelblatt und häufig eigener Seitenzählung. Das Titelblatt muß nicht alle bibliographischen Angaben enthalten, so fehlt auf ihm mitunter das Impressum (Erscheinungsort, Verlag, Erscheinungsjahr) ganz oder teilweise, auch auf der Rückseite des Titelblattes. Aus dem Titelblatt muß nur hervorgehen, daß es sich um eine selbständige Publikation oder um einen in sich selbständigen Teil einer Publikation handelt. Dies ist zweifellos der Fall, wenn ein Titelblatt vorhanden ist mit Verfasserangabe und/oder Sachtitel sowie Orts- und Verlagsangaben.

Zu den selbständigen Veröffentlichungen zählen nach Absicht des Verfassers, Herausgebers oder Verlegers in Gesamtumfang und Anzahl der Bände begrenzte, abgeschlossene Veröffentlichungen: Einzelwerk, d. h. die Arbeit eines oder die gemeinsame Arbeit von zwei bis drei Verfassern; Vielverfasserschrift, d. h. eine gemeinsame Arbeit von mehr als drei Verfassern; Sammelwerk, d. h. eine abgeschlossene Veröffentlichung mit einem Gesamttitel für alle Bände und mit besonderen Titeln, den Stücktiteln, für einzelne Bände, die verschiedene Verfasser haben oder auch in jedem Falle Vielverfasserschriften sein können; Sammlung von Einzelschriften, d. h. eine Schrift, auf deren Titelblatt mindestens zwei Schriften verschiedener Verfasser genannt sind; Lieferungswerk, d. h. eine Veröffentlichung, die in unselbständigen Teilen, Lieferungen, erscheint und zu einem abgeschlossenen Werk kumuliert. Zu den selbständig erschienenen Veröffentlichungen zählen weiterhin laufende Veröffentlichungen,

d. h. Schriften, die nach Absicht des Verfassers, Herausgebers, Verlegers nicht begrenzt sind auf eine bestimmte Anzahl von Bänden, Heften usw. Es handelt sich dabei um Periodika, d. h. um regelmäßig unter einem Titel erscheinende Veröffentlichungen mit fortlaufender Zählung der Hefte, Bände, Jahrgänge, Nummern sowie bibliographisch unselbständigen Beiträgen zahlreicher Mitarbeiter. Hierunter fallen Zeitschriften, zeitschriftenartige Reihen wie Almanache, Jahresberichte, Kalender, Jahrbücher, Adreßbücher.

Als unselbständig erschienene Veröffentlichungen gelten vor allem sachlich selbständige Schriften, die selbständig erschienenen Publikationen eingefügt sind, z. B. Zeitschriftenaufsätze, Beiträge zu Sammlungen von Einzelschriften oder zu Vielverfasserschriften u. ä., des weiteren aber auch Kapitel aus Büchern, einzelne Gedichte, Essays aus Anthologien u. ä. Solche Veröffentlichungen sind (abgesehen von unveröffentlichten Schriften und Materialien sowie Sonderformen von Informationsträgern) in der Regel nicht in Bibliothekskatalogen nachgewiesen. (Einzelheiten hierzu siehe auf S. 51–59 und insbesondere S. 69–74). Titel unselbständig erschienener Quellen werden zur optischen Unterscheidung von selbständig erschienenen in doppelte Anführungszeichen gesetzt.

Titel von wissenschaftlichen Reihen und von sakralen Schriften wie Bibel, Koran usw. werden weder unterstrichen noch in Anführungszeichen gesetzt. Zur Behandlung von Literaturangaben siehe neben den Beispielseiten auf S. 139–146 besonders die Beispiele im vierten Arbeitsschritt.

Titel im Titel

Erscheint im Titel einer selbständig oder unselbständig erschienenen Quelle ein zweiter Titel von gleichem Status, so werden zu seiner Hervorhebung einfache Anführungszeichen verwendet. Goethes „Prolog im Himmel" und *Faust* würden in einem Aufsatztitel folgendermaßen erscheinen: „Goethes ,Prolog im Himmel' und die Gesamtkonzeption des *Faust*," in einem Buchtitel hingegen: *Goethes „Prolog im Himmel" und die Gesamtkonzeption des ,Faust'.*

Fremdsprachige Einschübe

Fremdsprachige Einschübe in einem deutschen Text, auch solche, die als sprachlicher Beleg oder Beispiel dienen, werden unterstrichen, z. B. *wîfmon, entente cordiale, loc. cit.* Die Unterstreichung entfällt, wenn es sich um Zitate aus fremdsprachigen Quellen handelt, die bereits durch doppelte Anführungszeichen bzw. bei längeren Zitaten durch Einrückung (siehe S. 122–123) vom deutschen Text eindeutig abgesetzt sind.

Übersetzungen, Definitionen

Bietet man für eine fremdsprachige Wendung eine deutsche Übersetzung oder Definition an, so wird diese in einfache Anführungszeichen gesetzt, z. B. *loc. cit. (loco citato)* ‚a. a. O.‘ (‚am angegebenen Ort‘). Das gleiche gilt für Begriffe und Wendungen, die als solche Gegenstand der Betrachtung werden, z. B.:

> ‚Phantasie‘ und ‚Einbildungskraft‘ werden in der deutschen Romantik häufig – ähnlich wie ‚Vernunft‘ und ‚Verstand‘ – als antithetische Begriffe verstanden, wobei der jeweilige Bedeutungsinhalt jedoch schwankt. So läßt sich in einigen Fällen das englische *fancy* und *imagination* dann nicht durch den ihm sprachlich eigentlich näherliegenden deutschen Begriff, sondern vielmehr durch seinen Gegenbegriff erfassen.

Mathematische und technische Schreibweisen

Maßgeblich für die Schreibweise allgemeiner Kurz- und Formelzeichen sind die DIN-Normen 1304 ,,Allgemeine Formelzeichen'', 1313 ,,Schreibweise physikalischer Gleichungen in Naturwissenschaft und Technik'' sowie 1302 ,,Mathematische Zeichen''. Zu den Zeichendifferenzierungen, die gemäß diesen Normen noch problemlos mit einer normalen Schreibmaschine zu leisten sind, gehört ‚senkrechte‘ Schrift, d. h. beispielsweise Pica, gegenüber der maschinenschriftlich durch Unterstreichung ausgezeichneten Kursivschrift. Senkrechte Schrift wird bei Kurzzeichen für Einheiten, Kursivschrift bei Formelzeichen für Größen angewandt. Problemlos ist auch das Ausweichen von Groß- auf Kleinbuchstaben und umgekehrt, wenn ein Buchstabe in einer anderen als der festgelegten Bedeutung gebraucht wird. Leicht herstellbar sind des weiteren Indizes, d. h. um eine halbe Buchstabenhöhe tiefergestellte Buchstaben und Zahlen, die zur Kennzeichnung besonderer Zustände, zu Unterteilung von Oberbegriffen oder zur Unterscheidung von Formelgrößen mit demselben Formelzeichen dienen, z. B. ‚U_1‘ oder ‚U_k‘. Bezug auf Länge, Fläche, Volumen kann auch durch Striche am Formelzeichen der Zählergröße ausgedrückt werden, z. B. ‚Z'‘ statt ‚Z_L‘. Beliebige Einheiten für eine Größe werden durch eckige Klammern um das Formelzeichen für die Größe gekennzeichnet, z. B. ‚$[l]$‘.

Die von DIN 1302 „Mathematische Zeichen", festgelegten Schreibweisen können größtenteils nur handschriftlich bzw. mit Sonderzeichen (oder Kugelkopfmaschine) hergestellt werden, ebenso griechische Buchstaben. Von den von DIN 1303 „Schreibweise von Tensoren (Vektoren)" zur Wahl gestellten Auszeichnungsmöglichkeiten für Vektoren und Tensoren höherer Stufe eignet sich für das maschinenschriftliche Manuskript noch am besten die handschriftliche Auszeichnung der getippten Buchstaben durch übergesetzte Pfeile. Für Tensoren zweiter Stufe bietet sich die Schreibung in Großbuchstaben an.

Bei umfangreicheren Manuskripten empfiehlt es sich, dem Text eine Liste der benutzten Kurz- und Formelzeichen voranzustellen. Hinweise für die optimale drucktechnische Gestaltung mathematischer Formeln, die auch für ihre Behandlung im Manuskript Bedeutung haben, finden sich in DIN 1338 „Buchstaben, Ziffern und Zeichen im Formelsatz".

Zeichnungen, Tabellen, graphische Darstellungen

Hinsichtlich der vielfältigen Probleme der manuskriptgerechten Gestaltung von Zeichnungen (Projektionen, Ansichten, Schnitten, Beschriftungen, Farben, Schraffuren usw.) kann hier nur auf die Hinweise und Vorschriften der einschlägigen DIN-Blätter verwiesen werden. DIN 5 behandelt axonometrische und isometrische Projektionen, DIN 6 Ansichten, Schnitte und besondere Darstellungen, DIN 16 und 17 schräge und senkrechte Normschrift, DIN 201 Schraffuren und Farben zur Kennzeichnung von Werkstoffen, DIN 406 Maßeintragungen in Zeichnungen. Den besonderen Problemen der Herstellung von Zeichnungen und Bildern für Druckzwecke, u. a. Bildgrößen, Verkleinerungen, Strichdicken, Beschriftungen, Einfluß von Druckpapier und Farbgegensatz widmet sich DIN 474. Regeln zur einheitlichen und übersichtlichen graphischen Darstellung funktioneller Zusammenhänge zwischen kontinuierlichen Veränderlichen – also für Diagramme – enthält DIN 461. Die im Zusammenhang mit der Darstellung physikalischer Größen durch geometrische Größen in Koordinatensystemen, Vektor- und Zeigerdiagrammen sowie Nomogrammen auftretenden Begriffe ebenso wie die bevorzugt anzuwendenden Maßstäbe behandelt DIN 5478. Mit Aufbau, Lineatur, Spaltennumerierung, Anordnung und Textausstattung von statistischen Tabellen und Zahlentafeln befaßt sich

DIN 55301. Einen ausführlichen Überblick über graphische Darstellungsmöglichkeiten bietet im übrigen Willi Schön, *Schaubildtechnik: Die Möglichkeiten bildlicher Darstellung von Zahlen- und Sachbeziehungen* (Stuttgart: Poeschel, 1969).

3.4 Quellenwiedergabe

Was sind wissenschaftliche ‚Quellen'?

Jede wissenschaftliche Untersuchung greift zur Veranschaulichung, zum Beleg, zur Erhärtung oder Widerlegung von Arbeitshypothesen und Theorien irgendwie auf das Werk anderer, also auf ‚Quellen' zurück. Von der Funktion her unterscheidet man primäre und sekundäre Quellen, wobei die Grenzen teilweise fließend sind. Primärquellen sind als solche Gegenstand wissenschaftlicher Betrachtung (z. B. Originalzeugnisse wie Akten, Urkunden, Texte von politischen Reden, Verträgen, künstlerischen Werken u. ä.). Sekundärquellen hingegen setzen sich mit Primärquellen auseinander (z. B. Deutungen, Wertungen, historische Zuordnungen von politischen Dokumenten, künstlerischen Werken usw.). ‚Quellen' können auch unveröffentlichte Materialien, Briefe, Vortragsmanuskripte, Skripten von Filmen, Rundfunk- und Fernsehsendungen u. ä. sein.

Quellengetreue Wiedergabe

Wird eine Quelle bzw. ein Auszug daraus im Wortlaut wiedergegeben, so muß das Zitat der Vorlage auch in den kleinsten Details einschließlich der Zeichensetzung entsprechen (eine Ausnahme siehe auf S. 124–125). Jeder eigene Eingriff in die Quelle, insbesondere jede Auslassung oder Ergänzung (siehe S. 123–124) muß eindeutig sichtbar gemacht werden. Zur Notwendigkeit, jede Quelle gewissenhaft zu belegen, siehe auch S. 147–168 und 181.

Optische Heraushebung von Zitaten

Kürzere Zitate schließt man in doppelte Anführungszeichen ein. Enthält der zitierte Text selber noch Zitate, so werden letztere in einfache Anführungszeichen gesetzt.[1] Längere Zitate, d. h. etwa von

---

[1] Für Einzelheiten der Zeichensetzung siehe *Duden: Rechtschreibung*, S. 35–36.

drei Zeilen an, sollte man grundsätzlich drei Anschläge nach rechts einrücken und engzeilig tippen. Der Text gewinnt damit an Übersichtlichkeit. Überdies läßt sich etwa ein Drittel an Raum und damit ggf. an Druckkosten einsparen. Da durch Einrückung und engzeilige Schreibweise eine klare optische Absetzung der längeren Zitate gewährleistet ist, entfallen bei ihnen die doppelten Anführungszeichen. Letztere werden somit wieder für Zitate im Zitat bzw. für das Herausheben von Titeln ‚unselbständiger' Quellen frei (siehe zum Schreibtechnischen auch die Beispielseiten auf S. 139–146).

Anmerkungen (Interpolationen) im Zitat

Werden innerhalb eines Zitats erklärende Anmerkungen, Sinnergänzungen oder Interpolationen (Einschübe von Buchstaben oder Wörtern in philologisch unvollständigen Texten) nötig, so sind sie dem Leser durch eckige Klammern anzuzeigen. Fehlt die eckige Klammer auf der Maschine, so kann man sich mit dem Schrägstrich und je einem hoch- und tiefgestellten Trennungsstrich behelfen. Zu den erklärenden Anmerkungen gehört u. a. das ‚[sic]' (d. h. ‚so lautet die Quelle'), mit dem man einen Druckfehler, falschen Wortgebrauch o. ä. als Eigenheit der Vorlage kenntlich macht. Ergänzt werden können auch Namen, wenn etwa die Quelle nur die Initialen angibt, z. B. „Dann ergriff der M[arquis de] L[atour] das Wort". Anzuzeigen ist auch jede Veränderung an Zeichensetzung oder Satzbild der Quelle. Hat man selber bestimmte Passagen durch Unterstreichung oder Sperrung hervorgehoben, so wird die Veränderung durch ‚[meine Hervorhebung!]' kenntlich gemacht.

Auslassungen (Ellipsen) im Zitat

Längere Zitate lassen sich häufig durch Auslassungen von weniger wichtigen Passagen straffen. Dies muß allerdings dem Leser jeweils durch drei Punkte kenntlich gemacht werden:

> Der Begriff ‚Depression' kann nicht einfach als Diagnose hingenommen werden ... Schon die bis heute herausgearbeitete Polyätiologie des depressiven Zustandsbildes läßt dies erkennen.

Auslassung von einer oder mehreren Zeilen, etwa in Verszitaten, zeigt man mit einer durchgehenden punktierten Linie an.

Abschließend ist festzuhalten, daß die Entstellung von Zitaten durch geschickte Auslassungen im Politischen zu den häufigsten Tiefschlagpraktiken gehört. In wissenschaftlichen Texten sollte man umso gründlicher Sorge tragen, daß eigene Auslassungen den ursprünglichen Sinnzusammenhang der Quelle nicht unzulässig verkürzen oder verfälschen.

Wiedergabe fremdsprachiger Quellen

Die Frage, ob man eine fremdsprachige Quelle im Original oder in deutscher Übersetzung darbietet, läßt sich nur mit Blick auf die Art der Quelle sowie den intendierten Leserkreis beantworten. Quellen mit sprachlichem Eigenwert, die beispielsweise für ein philologisches Fachpublikum bestimmt sind, sollten schon darum im Original wiedergegeben werden, weil jede Übersetzung zugleich Interpretation und damit subjektive Veränderung des Materials bedeutet. Wendet sich die Veröffentlichung an einen weiteren Leserkreis, dessen Vertrautheit mit der Fremdsprache nicht vorausgesetzt werden kann, so empfiehlt es sich, dem Originaltext jeweils in Klammern eine Übersetzung beizufügen bzw. nur mit Übersetzungen zu arbeiten. Dabei ist durch Anmerkung kenntlich zu machen, ob man selbst übersetzt hat oder wessen Übersetzung man zugrundelegt.

Seit Englisch das Lateinische als *lingua franca*, d. h. als internationale wissenschaftliche Verkehrssprache abgelöst hat, sollten sich eigentlich in wissenschaftlichen Veröffentlichungen Übersetzungen aus dieser Sprache nicht nur für Neuphilologen erübrigen. Allerdings nehmen gerade die deutschen Universitäten diese Veränderung teilweise nur zögernd zur Kenntnis (so kann man mancherorts noch heute eine Dissertation zwar in lateinischer, nicht aber in englischer Sprache abfassen).

Eingliedern von Zitaten in einen Satzzusammenhang

Wird ein Zitat in einen laufenden Satz eingegliedert, so können Großschreibung (Satzanfang) und schließendes Satzzeichen des Zitats zur Einpassung in den Satz verändert werden. Im übrigen sind Zitat und Satzführung syntaktisch und grammatisch so eng wie möglich aufeinander abzustimmen. Dies gilt, soweit hinsichtlich Tempus, Modus, Genus usw. durchführbar, auch für fremdsprachige Zitate. Einwandfrei gelöst erscheinen die folgenden Einfügungen:

> Noch einmal erscheint hier das Motiv der ,,belle dame sans merci". –
> Wo sind, so darf man fragen, Villons vielzitierte ,,neiges d'antan"? –
> Die Meßtechniker bestätigten, ,,that they had not been able to identify the object".

Stünde die Bestätigung im letzten Zitat in der Quelle freilich in der ersten Person Plural, so ergäbe die Einfügung einen veränderten Sinn:[1]

> Die Meßtechniker bestätigten, „that we have not been able to identify the object".

Korrekt wäre es in diesem Fall, das Zitat durch Doppelpunkt gegen den deutschen Text abzusetzen:

> Die Meßtechniker bestätigten: „.... we have not been able to identify the object".

Greift ein fremdsprachiges Zitat selbst über mehrere Sätze mit schließendem Satzzeichen aus, so sollte es nicht mit Gewalt in einen deutschen Satzzusammenhang hineingezwängt werden. Falsch wäre:

> Welches Gegenbild zum Totalitarismus Roosevelt mit seinem abschließenden „That is no vision of a distant millenium. It is a definite basis for a kind of world attainable in our own time and generation. That kind of world is the very antithesis of the so-called ‚new order' of tyranny which the dictators seek to create with the crash of a bomb." anvisierte, kann erst aus einer Analyse seiner „four freedoms" erschlossen werden.

Besser ist hier die Absetzung des Zitats vom deutschen Text durch Aufgliedern in mehrere Sätze unter Verwendung des Doppelpunktes:

> Abschließend entwarf Roosevelt ein Gegenbild zum Totalitarismus: „That is no vision of a distant millenium [usw. bis Zitatende]". Was dies Bild beinhaltet, kann jedoch erst aus einer Analyse von Roosevelts „four freedoms" erschlossen werden.

Transkription, Transliteration

Häufig stellt sich in wissenschaftlichen Manuskripten das Problem, das Klangbild der gesprochenen Sprache bzw. fremdsprachige Texte möglichst lautgetreu schriftlich wiederzugeben. Hierfür sind besondere Transkriptionssysteme (phonetische Umschriften) entwickelt worden, u. a. von der I. P. A. (International Phonetic Association).

Viele der dabei verwendeten Lautschriftzeichen, wie sie häufig in Wörterbüchern zur Aussprachebezeichnung verwendet werden, sind mit einer normalen Schreibmaschine nicht herstellbar. Das gilt auch für einen Teil der sogenannten diakritischen (unterscheidenden) Zei-

---

[1] Um den Vergleich der Beispiele zu erleichtern, sind die beiden kurzen Zitate hier ausnahmsweise nicht in den laufenden Text integriert.

chen, die aus Buchstaben, Häkchen und Strichen bestehen und für wissenschaftliche Umschriften benötigt werden. Man setzt diese Zeichen, soweit man nicht über eine Spezialschreibmaschine verfügt, am besten mit einem Feinstrich-Kugelschreiber handschriftlich ein.

Eine weitere Schwierigkeit ergibt sich bei der möglichst buchstabengetreuen Umsetzung eines Schriftsystems (etwa des hebräischen, griechischen oder kyrillischen) in ein anderes (z. B. das lateinische). Hierfür sind von der I. S. O. (International Organization for Standardization) in den letzten Jahrzehnten internationale Transliterationssysteme entwickelt worden. Die wichtigsten davon gibt auch *Duden: Rechtschreibung* auf den letzten Seiten wieder. In den sechziger Jahren legte eine deutsche Kommission für einige dieser Sprachen auch ein deutsches Transkriptionssystem fest, das im *Duden* parallel zu den I. S. O. Transliterationen abgedruckt ist. Für Transliterationen slawischer kyrillischer Buchstaben siehe auch DIN 1460.

Schreibtechnische Gestaltung von Quellen in einem Quellenverzeichnis (Bibliographie)

Über die Einordnung von Quellen in ein Quellenverzeichnis informiert genauer S. 169–178, „Das Erstellen der Bibliographie". Schreibtechnisch ist hier anzumerken, daß das gewählte Ordnungswort links dadurch herausgehoben werden kann, daß man bei Einträgen von mehr als einer Zeile jeweils die folgenden Zeilen im ‚hängenden Absatz', d. h. fünf Spatien eingerückt tippt, und zwar engzeilig. Der nächste Eintrag fängt wieder am linken Zeilenrand an und hält zum vorhergehenden mindestens anderthalbfachen Zeilenabstand. Siehe auch den Gestaltungsvorschlag auf S. 176–178 (Seiten aus Quellenverzeichnis).

3.5 Fußnoten, Anmerkungen

Funktion von Fußnoten und Anmerkungen

Fußnoten stellen die in wissenschaftlichen Arbeiten hauptsächlich gebrauchte Form der Anmerkung dar. Sie nehmen Informationen auf, die zur ergänzenden Unterrichtung des Lesers nützlich oder notwendig sind, den unmittelbaren Textzusammenhang jedoch stören würden. Hierzu gehören 1) vollständige Belege mittelbar oder unmittelbar benutzter Quellen, 2) Verweise auf ergänzende oder kontrastierende Quellen (eingeleitet durch Wendungen wie ‚siehe auch‘, ‚so auch‘, ‚anders aber‘), 3) Hinweise auf andere Teile des eigenen Manuskripts (z. B. für eine voraufgehende Seite ‚siehe oben, S. 12‘, oder für eine nachfolgende ‚siehe unten, S. 374‘), 4) Informationen, die zwar von der Hauptlinie der Textargumentation abweichen, aber doch zur Ergänzung, Kontrastierung oder zum vertiefenden Verständnis wichtig scheinen.

Stellung von Fußnoten im Text

Fußnoten gehören, wie schon ihr Name sagt, an den Fuß der Seite, auf die sie sich beziehen. Wenn Verlage sie bei der Drucklegung aus Kostengründen an den Schluß eines Buches oder Buchteiles setzen, so bedeutet dies eine empfindliche Leseerschwernis, die sich für maschinenschriftliche Manuskripte, insbesondere für Seminar- und Prüfungsarbeiten auf keinen Fall rechtfertigt (zur Einarbeitung von Fußnoten in Vorentwurf und Reinschrift siehe S. 109–111). Die Endstellung zwingt den Leser, entweder erst das jeweilige Ende des Buchteiles aufzuspüren oder – noch umständlicher – erst festzustellen, um welches Kapitel es sich handelt, um dann nach vielem Blättern die Information aus dem entsprechenden Fußnotenbündel am Ende des Buches heraussortieren zu können.

Umfang des Fußnotenapparates

Bei zum Druck bestimmten Arbeiten erscheint es sinnvoll, zur Kosteneinsparung die Fußnoten rigoros auf das Wesentliche zu beschränken, z. B. auf den Erstbeleg von Quellen. Wird die Quelle erneut zitiert, so können die dann erforderlichen Kurzbelege ohne weiteres als Anmerkungen in Klammern unmittelbar hinter das Zitat im Text gesetzt werden. Für Kurzbelege siehe S. 164–168, für ihre schreibtechnische Einarbeitung in einen laufenden Text auch die Beispielseiten auf S. 139–146. Bei allen weiteren Fußnotenmaterialien sollte man energisch prüfen, ob sie nicht in knapper Form in den laufenden Text selber integriert werden können, bzw. ob man auf sie nicht ganz verzichten kann. In keinem Fall sollten Fußnoten zu einem Buch im Buch bzw. zum Abladeplatz für alle jene übriggebliebenen Materialien aus dem Zettelkasten werden, die sich für das eigentliche Thema als zu peripher erwiesen haben.

Zählung der Fußnoten

In maschinenschriftlichen Manuskripten, die nicht zur Veröffentlichung bestimmt sind, zählt man die Fußnoten am einfachsten für jede Seite von 1 an gesondert durch. Nachträgliche Zusätze oder Streichungen im Fußnotenapparat erfordern so die wenigsten Verbesserungen. Soweit nicht seitens einer Zeitschrift oder eines Verlages bereits andere Auflagen bestehen, empfiehlt es sich bei zum Druck bestimmten Arbeiten, kürzere Texte wie Zeitschriftenaufsätze oder Beiträge zu Vielverfasserschriften oder Sammlungen von Einzelschriften ganz, längere Texte kapitelweise durchzuzählen. Da sich die Seiten beim Satz zwangsläufig verschieben, müßten anderenfalls die meisten Fußnotenzahlen geändert werden.

Schreibtechnische Darstellung von Fußnoten

Fußnoten werden im Text durch eine halbhoch gestellte arabische Ziffer ohne Klammer, Punkt oder anderen Zusatz signalisiert. Bei Tabellen, Karten oder Zeichnungen benutzt man allerdings, um Verwechslungen zu vermeiden, Kleinbuchstaben in alphabetischer Folge. Auch verschiedene Symbole (Sternchen, Paragraph)[1] können benutzt werden, wenn man bei einer Veröffentlichung die Anmerkungen eines Herausgebers von denen des Autors unterscheiden will. Besteht, etwa in mathematischen oder technischen Texten, die Gefahr, daß hochgestellte Ziffern, Buchstaben oder Symbole mit Bestandteilen von Gleichungen oder Formeln verwechselt werden, so sind andere, sich vom Text eindeutig abhebende Zeichen zu wählen.

Bezieht sich die Fußnote auf ein einzelnes Wort oder eine Wortgruppe, so steht sie direkt dahinter noch vor einem folgenden Satzzeichen. Bezieht sie sich jedoch auf einen ganzen Satz oder durch Satzzeichen eingeschlossenen Satzteil, so steht sie nach dem schließenden Satzzeichen (siehe auch Beispielseite auf S. 145). Bei Quellenwiedergaben erscheint die Fußnote am Zitatschluß und nicht schon hinter dem (oft bereits vorher im Text erwähnten) Namen des Verfassers bzw. Titel der Quelle.

Optisch lassen sich Fußnoten auf der Schreibmaschine durch einen Strich, der eine engzeilige Leerschaltung unter der letzten Textzeile

---

[1] In englischsprachiger Literatur ist außerdem noch das im deutschen Sprachraum veraltete Dolchzeichen gebräuchlich.

beginnt und über ein Drittel der Seite geht oder einfach durch zwei Leerschaltungen vom eigentlichen Text absetzen. Die jeweilige Fußnotenzahl wird zwei Anschläge nach rechts eingerückt und halbhoch gestellt, dann folgt in engem Zeilenabstand der Fußnotentext ohne Leertaste anschließend. Alle Zeilen der Fußnotentexte beginnen bündig drei Anschläge vom linken Textrand, so daß sich die Zählung der Fußnoten links deutlich abhebt. Jede Fußnote beginnt wie ein normaler Satz mit Großschreibung und endet mit einem schließenden Satzzeichen. Folgen mehrere Fußnoten untereinander, so werden sie durch eine zusätzliche halbe Leerschaltung voneinander abgesetzt (siehe auch Beispielseite auf S. 145).

3.6 Abkürzungen

Gebrauch und Mißbrauch von Abkürzungen

Abkürzungen sollte man im laufenden Text nur verwenden, wenn man die erzielte Raumersparnis nicht mit einer erheblichen Einbuße an Klarheit und Lesbarkeit bezahlen muß. Voraussetzung ist weiterhin, daß der angesprochene Leserkreis die Abkürzungen ohne weiteres versteht oder daß sie in einem Abkürzungsverzeichnis aufgelöst werden. Die Abkürzungen in Abhandlungen nicht-technischer Art sollten sich im wesentlichen auf den wissenschaftlichen Apparat, d. h. auf die Angaben der zitierten Literatur und auf die Angaben in der Bibliographie beschränken. Arbeiten aus dem naturwissenschaftlich-technischen Bereich erfordern allerdings häufig einen stärkeren Einsatz von Abkürzungen auch im laufenden Text. Dabei sollte man phantasievolle Eigenkürzungen meiden und soweit wie möglich auf das vom jeweiligen Fach geprägte Abkürzungsrepertoire zurückgreifen. In jedem Fall geht Eindeutigkeit der verwendeten Abkürzungen vor Ökonomie.

Allgemeines zur Bildung und Rechtschreibung von Abkürzungen

Unter dem Sammelbegriff ‚Abkürzungen‘ können drei große Klassen unterschieden werden, die sich durch Schreibweise bzw. Interpunktion gegeneinander abgrenzen lassen:

1) Allgemeine Abkürzungen,
2) Abkürzungen, die als Zeichen oder Symbole behandelt werden,
3) Kurzformen und Abkürzungswörter, die im eigentlichen Sinne
   nicht mehr als Abkürzungen, sondern als Neuwörter betrachtet
   und im Sprachgebrauch dementsprechend selbständig verwendet werden.

Eine Abkürzung steht im allgemeinen für die Singular- und die
Pluralform sowie für die übrigen Deklinationsformen der Auflösungen. Die zutreffende Form ergibt sich aus dem Textzusammenhang.
Die Methode, eine Pluralform der Auflösung durch Verdoppelung
des letzten Buchstabens der Abkürzung zu kennzeichnen, gilt als
veraltet, hat sich aber bei einigen Abkürzungen, insbesondere in
historischen Disziplinen im bibliothekarisch-bibliographischen Bereich erhalten, z. B. ‚pp.' für ‚Seiten' oder ‚Mss.' für ‚Manuskripte'.
Die eindeutige Signalisierung der Pluralform ist in vielen Fällen
nur durch Ausschreibung des ganzen Wortes möglich.

Allgemeine Abkürzungen

Bislang gibt es keine verbindlichen Regeln für die Bildung und
Schreibweise allgemeiner Abkürzungen. So begegnet man bei der
Abkürzung desselben Begriffs häufig ganz unterschiedlichen Schreibweisen. Der Duden *Rechtschreibung* gibt nur einige allgemeine Hinweise zur Schreibung (Punkt, Bindestrich) von Abbreviaturen.[1] Das
1971 erschienene *Wörterbuch der Abkürzungen*[2] von Josef Werlin
strebt nunmehr eine Vereinheitlichung an. Die nachfolgende Charak-
terisierung der allgemeinen Abkürzungen nimmt seine Empfehlungen auf. Sie unterscheidet nach Bildungsform und Schreibweise
vier Gruppen von allgemeinen Abkürzungen:
1) Einfache Abkürzungen, die in vollem Wortlaut gesprochen
   werden. Sie erhalten einen Schlußpunkt, gleich, ob die Abkürzung durch Weglassen aller weiteren Buchstaben nach dem
   ersten oder durch andere Buchstabenkombinationen entsteht,
   z. B. ‚Jg.', ‚frz.', ‚ebd.', ‚Nachw.'.

---

[1] *Duden: Rechtschreibung*, besonders R 5, R 6, R 137, R 150, R 154, R 252,
R 254–255, R 323–324.

[2] Josef Werlin, *Wörterbuch der Abkürzungen: 35000 Abkürzungen und
was sie bedeuten*, Duden-Taschenbücher, Bd. 11 (Mannheim: Bibliogr.
Inst., 1971), S. 255–257.

2) Abkürzungen, die nicht mehr im vollen Wortlaut gesprochen werden, deren einzelne Bestandteile (d. h. die Anfangsbuchstaben der einzelnen Ursprungswörter) jedoch noch nicht zu einem Neuwort verschmolzen sind (siehe unten), also getrennt ausgesprochen werden. Sie erhalten in der modernen Form im allgemeinen keinen Punkt, z. B. ‚BGB‘, ‚SPD‘, ‚AG‘, ‚BAT‘.

3) Abkürzungen, die nur in Versalien (Großbuchstaben) geschrieben, aber nicht selbständig gesprochen werden. Sie werden im Deutschen meist ohne Punkte geschrieben, z. B. ‚AA‘ = ‚Auswärtiges Amt‘, ‚DNA‘ = ‚Deutscher Normenausschuß‘.

4) Zusammengesetzte Wörter, die in ihren einzelnen Bestandteilen abgekürzt werden. Sie müssen laut Duden in ihre Bestandteile aufgelöst und mit Punkt und Bindestrich geschrieben werden. Abweichend von dieser Regel hat sich die platzsparende Praxis herausgebildet, bei der Abkürzung jeweils die Anfangsbuchstaben jedes entscheidenden Bestandteils mit Anfangsgroßschreibung und ohne Bindestrich und ohne Zwischenraum aneinanderzufügen. Die Anfangsgroßschreibung soll dabei den Beginn der einzelnen Bestandteile aus den zugrundeliegenden Auflösungen kennzeichnen, z. B. ‚HaftEntschäG‘ gegenüber der der Duden-Regel entsprechenden Form ‚Haftentschä.-G.‘ = ‚Haftentschädigungsgesetz‘.

Abkürzungen als Zeichen oder Symbole

Da die Schreibung dieser Abkürzungen, die als Zeichen oder Symbole betrachtet werden, zumeist auf normativen Entscheidungen von Fachgremien beruht, ist ihre Schreibung weitgehend vereinheitlicht. Diese Abkürzungen aus den Bereichen Naturwissenschaften, Technik, Wirtschaft werden als Zeichen oder Symbole (Maßeinheit, Gewicht, Element usw.) stets ohne Punkt geschrieben, z. B. ‚ccm‘, ‚l‘, ‚kWh‘.

Akronyme

Auch die dritte Klasse von Abkürzungswörtern und Kurzformen, die im eigentlichen Sinne nicht mehr als Abkürzungen angesehen, sondern als Neuwörter selbständig verwendet werden, ist in ihrem Gebrauch weitgehend vereinheitlicht. Diese Kurzformen längerer Bezeichnungen oder Kurzbildungen aus bestimmten Bestandteilen mehrerer Wörter einer mehrteiligen Bezeichnung erhalten ebenfalls keinen Punkt. Meist werden sie wie echte Substantive im Text verwendet, und der ursprünglich gekürzte Ausdruck tritt hinter der Neuschöpfung zurück, z. B. ‚Unesco', ‚Comecon', ‚Diamat', ‚DIN'. Doppelformen können auftreten, wenn eine solche Neubildung noch als Neubildung verstanden wird und dieses durch Versalien signalisiert oder es in seiner Schreibweise als ein Substantiv aufgefaßt wird, z. B. ‚UNESCO', ‚Unesco'.

Kürzung von Buch- und Zeitschriftentiteln

In wissenschaftlichen Texten werden aus Platzersparnisgründen die Titelangaben von häufiger zitierten Zeitschriften, Nachschlagewerken, Reihen und Handbüchern des betreffenden Fachs meist gekürzt. Es sind zwei Verfahren möglich: Entweder werden die Titel auf die knappste aber noch verständliche Form gekürzt oder die Kürzung erfolgt durch die Verwendung der Initialen der Einzelwörter des Titels ohne Punkt, so daß eine solche Buchstabenfolge (lat. ‚das Sigel', frz. ‚die Sigle') den Titel repräsentiert.

In der ersten Form der Kürzung bleibt auch dem uneingeweihten Leser der ursprüngliche Wortlaut des gekürzten Titels verständlich. So bleibt die Wortfolge des Titels erhalten, unwesentliche Wörter wie Artikel, Konjunktionen und Präpositionen können wegfallen, die verbleibenden Wörter werden nach Möglichkeit durch Weglassen des Schlußteils oder noch stärker gekürzt. So ist die *Geogr. Rundsch.* durchaus noch als *Geographische Rundschau* erkennbar. Der Gefahr der Willkür sucht das Formblatt *DIN 1502* und *DIN 1502, Beibl. 1*[1] entgegenzuwirken, das verbindliche Regeln mit einer Liste der wichtigsten Abkürzungen für Sprachen mit lateinischem Alphabet oder für Titel, deren Schriftzeichen in lateinische Buchstaben tranliteriert sind, verbindet.

Die häufig angewendete Methode der extremen Kürzung durch Sigel (z. B. *MGEGZ* für *Mitteilungen der Geographisch-ethnographischen Gesellschaft*) hat den Nachteil, daß Titel weniger bekannter Veröffentlichungen vom Leser nicht immer unmittelbar aufgeschlüsselt werden können. Auch sind die Abkürzungen nun nicht mehr eindeutig, da die einzelnen Initialen verschiedene Wörter repräsentie-

---

[1] *Kürzung der Titel von Zeitschriften und ähnlichen Veröffentlichungen: Regeln* [nebst] Beiblatt 1: *Wörter aus Sprachen mit lateinischen und kyrillischen Schriftzeichen* (Berlin u. Köln: Beuth, 1975).

ren können, z. B. kann ‚A‘ für ‚Annalen‘, ‚Archiv‘, ‚Acta‘ u. a. stehen. Voraussetzung für die Verwendung von Sigeln in einem wissenschaftlichen Text ist immer ein Verzeichnis der im Text verwendeten Abkürzungen oder ein Hinweis, auf welche Zeitschriftenverzeichnisse man sich bei der Wahl der Sigel gestützt hat. Solche Verzeichnisse von Zeitschriftenkürzungen gliedern sich in zwei Gruppen. Ausgangspunkt ist einmal das Sigel, dem der vollständig aufgelöste Titel der Zeitschrift folgt, die andere Gruppe ordnet nach dem vollständigen Titel und gibt dazu eine empfohlene Zitierform. Als fachübergreifendes Standardwerk der ersten Gruppe ist Otto Leistner, *Internationale Titelabkürzungen von Zeitschriften, Zeitungen, wichtigen Handbüchern, Wörterbüchern, Gesetzen usw.* (Osnabrück: Biblio Verlag, 1970), 893 S., zu empfehlen. Den naturwissenschaftlich-technischen Bereich deckt *World List of Scientific Periodicals Published in the Years 1900–1960*, 4th ed., 3 vols. (London: Butterworths, 1963–65). Die nützliche Zusammenstellung von Mary R. Kinney, *The Abbreviated Citation – A Bibliographical Problem*[1], in der nach Fachwissenschaften geordnet, Quellen für die Identifizierung gekürzter Titel genannt werden, hilft, das entsprechende Standardwerk für Titelkürzungen aus dem jeweiligen Fachgebiet festzustellen.

Abkürzungen sollten innerhalb einer Abhandlung einheitlich gebraucht werden. Auch ist ein Wechsel zwischen einer (früher üblichen) lateinischen Form und ihrer deutschen Entsprechung in einer Arbeit zu vermeiden.

Abkürzungsverzeichnis

Die folgende Liste enthält eine Auswahl von Kürzungen besonders häufiger deutscher, englischer und französicher bibliographisch-technischer Bezeichnungen und Titelwörter sowie die für einen wissenschaftlichen Text gebräuchlichsten allgemeinen Abkürzungen. Die dem Lateinischen entnommenen Wendungen wie ‚*op. cit.*‘ usw. wurden in diesem Verzeichnis kursiv gesetzt. Sie wären also im Manuskript, soweit sie in einem deutschen syntaktischen Zusammenhang erscheinen, zu unterstreichen. Die englischen und französischen Abkürzungen hingegen, die nur gebraucht werden, wenn ein ganzer Quellenbeleg in der englischen bzw. französischen Terminologie gegeben wird, sind nicht zu unterstreichen. Bei solchen Belegen

---

[1] (Chicago: American Library Association, 1968), 57 S.

ist, genau wie bei denen für deutsche Quellen, die Unterstreichung entsprechend 3. 3. 7 den Titeln selbständig erschienener Veröffentlichungen vorbehalten.

Die Liste ist nach dem Alphabet der Abkürzungen, nicht ihrer Auflösungen geordnet; Interpunktionszeichen bleiben für die Einordnung der Abkürzungen unberücksichtigt.

a.	*ante* ‚vor‘, ‚früher als‘
a. a. O.	am angegebenen Ort
Abb.	Abbildung
Abdr.	Abdruck
Abh.	Abhandlung
Abs.	Absatz
Abschn.	Abschnitt
Abt.	Abteilung
add.	added, addidit ‚hinzugefügt‘
Anh.	Anhang
Anl.	Anlage
Anm.	Anmerkung
Ann.	Annalen
ann.	*annotavit* ‚Anmerkungen von‘
Anon.	Anonymus
App.	Appendix
Arch.	Archiv
Aufl.	Auflage
Auftr.	Auftrag
Ausg.	Ausgabe
ausgew.	ausgewählt
Bd. (Pl. Bde.)	Band, Bände
Bdch.	Bändchen
Bearb., bearb.	Bearbeiter, bearbeitet
bed. verm.	bedeutend vermehrt
Begr., begr.	Begründer, begründet
Beibl.	Beiblatt
Beih.	Beiheft
Beil.	Beilage
Beisp.	Beispiel
Berücks.	Berücksichtigung
Beschr.	Beschreibung
betr.	betreffend
Bibl.	Bibliothek
Bibliogr.	Bibliographie
Bl.	Blatt
bull.	bulletin
bzw.	beziehungsweise
©	Copyright
c., ca.	*circa* ‚um‘, ‚etwa‘, ‚ungefähr‘, ‚rund‘
cf.	*confer* ‚vergleiche‘ (nicht synonym mit ‚siehe‘
chap.	chapter

col. (Pl. cols.)	column ‚Spalte'
coll.	collected, *collegit* ‚gesammelt von'
comp.	compiler, compiled
d. h.	das heißt
d. i.	das ist
Diss.	Dissertation
durchges.	durchgesehen
ebd.	ebenda, an gleicher Stelle, *ibidem*
ed.	*edidit, ediderunt*
ed. (Pl. eds.)	edition, editor(s), edited by
ed. cit.	*editione citata* ‚die (oder ‚in der') aufgeführte(n) Ausgabe' – diese Angabe ist genauer als *op. cit.*
e. g.	*exempli gratia* ‚zum Beispiel'
Einl.	Einleitung
em.	*emendavit* ‚verbessert von'
enl.	enlarged ‚erweitert'
Erg., erg.	Ergänzungs(s-), ergänzt
erl.	erläuternd, erläutert
ersch.	erscheint, erschienen
erw.	erweitert
et. al.	1. *et alii* ‚und andere' 2. *et alibi* ‚und anderswo'
Ex.	Exemplar
ex. rec.	*ex recensione* ‚aus der Besprechung'
f.	*folio* ‚Blatt'
f. (Pl. ff.)	(und) der, die, das Folgende (‚f' und ‚ff' werden häufig auch ohne Punkt gebraucht)
fac., facsim., Faks.	*facsimile*, Faksimile
fasc.	*fasciculus* ‚Heft'
Fig.	Figur
fl.	*floruit* ‚blühte'
Fol.	Folio(blatt)
forew.	foreword ‚Vorwort'
fortgef.	fortgeführt
fortges.	fortgesetzt
Forts.	Fortsetzung
Fragm.	Fragment
Fußn.	Fußnote
gedr.	gedruckt
Geleitw.	Geleitwort
gez. Bl.	gezählte Blätter
Gov.	Government
H.	Heft
Habil.-Schr.	Habilitationsschrift
Hg. oder Hrsg.	Herausgeber
(Pl. Hgg. oder Hrsgg.)	
hg. oder hrsg.	herausgegeben
Hs (Pl. Hss.)	Handschrift(en)

illustr.	illustriert von, illustriert, *illustravit*
ibid.	*ibidem* ‚ebenda‘
i. e.	*id est* ‚d. h.‘
imp(r).	*imprimatur* ‚darf gedruckt werden‘
incl.	including
Ind.	Index
Inst.	Institut, Institution
introd.	introduction
J.	Journal
Jb.	Jahrbuch
Jh.	Jahrhundert
Jg.	Jahrgang
Kap.	Kapitel
Kat.	Katalog
Komm.	Kommentar, Kommission(sverlag)
Kt.	Karte
l. (Pl. ll.)	line(s) ‚Zeile(n)‘
Lfg.	Lieferung
Libr.	Library
Lit.	Literatur
loc. cit.	*loco citato* ‚an der angegebenen Stelle‘ (im Text) stets ohne Seitenzahl
Losebl.-Ausg.	Loseblatt-Ausgabe
MA	Mittelalter
maschr.	maschinenschriftlich
Mitarb.	Mitarbeit, Mitarbeiter
Mitw.	Mitwirkung
Ms (Pl. Mss.)	Manuskript(e); auch MS, MSS, ohne Punkt
n.	note ‚Fußnote‘, ‚Anmerkung‘
Nachtr.	Nachtrag
Nachw.	Nachwort
N. B., *NB*	*nota bene* ‚beachte‘
n. d.	no date ‚ohne Jahr‘
Neuaufl.	Neuauflage
Neudr.	Neudruck
N. F.	Neue Folge
no., nos.	number(s)
n. p.	no place ‚ohne Ort‘
Nr.	Nummer
N. R.	Neue Reihe
N. S., NS	*nova series*, New Series
numb.	numbered ‚numeriert‘
o. J.	ohne Jahr(esangabe)
o. O.	ohne Ort(sangabe)
o. p.	out of print ‚vergriffen‘
op. cit.	*opere citato* ‚im zitierten Werk‘
O. S., OS	Old Series, Original Series

p. (Pl. pp.)	*Pagina*, page ‚Seite‘
P., P.	*pars*, part ‚Teil‘
p. a.	*per annum* ‚jährlich‘
par. (Pl. pars.)	Paragraph(s)
passim	‚hier und dort‘ (an mehreren Stellen im angegebenen Werk)
Phil. Diss.	Dissertation der Philosophischen Fakultät (entsprechend Med. Diss., Jur. Diss., Theol. Diss., Math. Diss.)
pl. (Pl. pls.)	plate(s) ‚Tafel(n)‘
Pr.	Press
pref., préf.	preface, préface ‚Vorwort‘
prep.	prepared ‚vorbereitet‘
Print.	Printer, Printing
Proc.	Proceedings ‚Berichte‘
Pseud.	Pseudonym
pt. (Pl. pts.)	part(s) ‚Teil‘
Publ., publ.	Publisher, published, publié ‚Verlag‘
q. v.	*quod vide* ‚welches siehe‘, ‚siehe dies‘ (besonders bei Verweisungen in Nachschlagewerken)
r (hochgestellt)	*recto [folio]* (‚rechte Seite‘ bei aufgeschlagenem Buch –
R.	verwendet bei nicht durchpaginierten Texten)
Red., red.	Reihe
Reg., -reg.	Redaktion, redigiert
reg.	Register, -register
Rep.	registered (trademark) ‚eingetragenes Warenzeichen‘
repr., rept.	Report
Reprod.	reprint, reprinted ‚Neudruck‘
rev.	Reproduktion
Rez.	revidiert, revised
rr.	Rezensent, Rezension
	rarissime ‚sehr selten‘
S.	Seite(n) (stets ohne Plural)
s.	siehe
Selbstverl.	Selbstverlag
seq. (Pl. *seqq.*)	*sequens (sequentes)* ‚der, die, das Folgende‘, ‚folgende Seiten‘
Ser., ser., sér.	Serie, series, série
Sig.	Signatur
Slg.	Sammlung
s. o.	siehe oben (bei Verweisungen im eigenen Ms.; kann sich auf jede vorangegangene Seite beziehen, z. B. ‚s. o. S. 12‘)
Soc.	Society
Sp.	Spalte
st. (Pl. sts.)	stanza(s) ‚Strophe(n)‘
Str.	Strophe
s. u.	siehe unten (vgl. ‚s. o.‘)
Suppl., suppl.	Supplement, supplement
s. v.	*sub voce* oder *verbo* ‚unter dem Stichwort‘

T.	Teil
t.	tome ‚Band‘
Tab.	Tabelle
Taf.	Tafel
Teils.	Teilsammlung
Tr., Trans.	translator, -ion, -ed ‚Übersetzer‘
trad.	*traduit* ‚übersetzt von‘
Trans.	Transactions ‚Sitzungsberichte‘
u. a.	und andere, unter anderem
u. a. m.	und andere(s) mehr
u. ä.	und ähnliche(s)
u. dgl.	und dergleichen
u. d. T.	unter dem Titel
überarb.	überarbeitet von
Übers., übers.	Übersetzer, übersetzt
übertr.	übertragen
umgearb.	umgearbeitet
Univ.	Universität, University, Université
unveränd.	unverändert
unvollst.	unvollständig
u. ö.	und öfter ‚*passim*‘
usw.	und so weiter
v. (hochgestellt)	*verso [folio]* (‚linke Seite‘ bei aufgeschlagenem Buch; s. unter ‚*r*‘)
V., v. (Pl. vv.)	Vers, verse(s)
v	*vide* ‚siehe‘
v. d.	various dates ‚verschiedene Jahresangaben‘
veränd.	verändert
verb.	verbessert
Verf., verf.	Verfasser, verfaßt
Verl.	Verlag
verm.	vermehrt
veröff.	veröffentlicht
Verz.	Verzeichnis
vgl.	vergleiche
viz.	*videlicet* ‚nämlich‘
Vjs., Vjschr.	Vierteljahresschrift
v. l.	*varia lecto* ‚andere Lesart‘
vol. (Pl. vols.)	volume(s) ‚Band‘
vollst.	vollständig
Vorw.	Vorwort
vs	*versus* ‚gegen‘, ‚gegenüber‘
v. s.	*vide supra* ‚siehe oben‘
Wiss., wiss.	Wissenschaft(en), wissenschaftlich
Z.	Zeile
Zeichn.	Zeichnung
Zs., Zt., Ztschr.	Zeitschrift
Zsfassung	Zusammenfassung
zsgest.	zusammengestellt

3.7 Beispiele für Manuskriptseiten

Vorbemerkung

Die nachfolgenden Beispiele beziehen sich mit einer Ausnahme auf die Reinschrift. Die Ausnahme betrifft das Beispiel auf S. 144 und zeigt zur nachfolgenden Textseite aus einer Reinschrift (Beispiel S. 145) die entsprechende Seite aus dem Rohmanuskript, auf der die Fußnoten zur Arbeitsersparnis noch einfach in den laufenden Text getippt sind. Alle Beispiele wurden in einen Rahmen gesetzt, um auch in der verkleinerten Wiedergabe die optischen Verhältnisse deutlich zu machen. Bei den Beispielen S. 140 (Titelblatt Dissertation) und 146 (Textseite Reinschrift mit mathematischen Formeln) ist zur optischen Orientierung ein Aufteilungsraster eingeblendet. Ein Beispiel für die Reinschrift einiger Seiten einer Bibliographie findet sich auf S. 176–178.

Beispiel: Titelblatt Dissertation

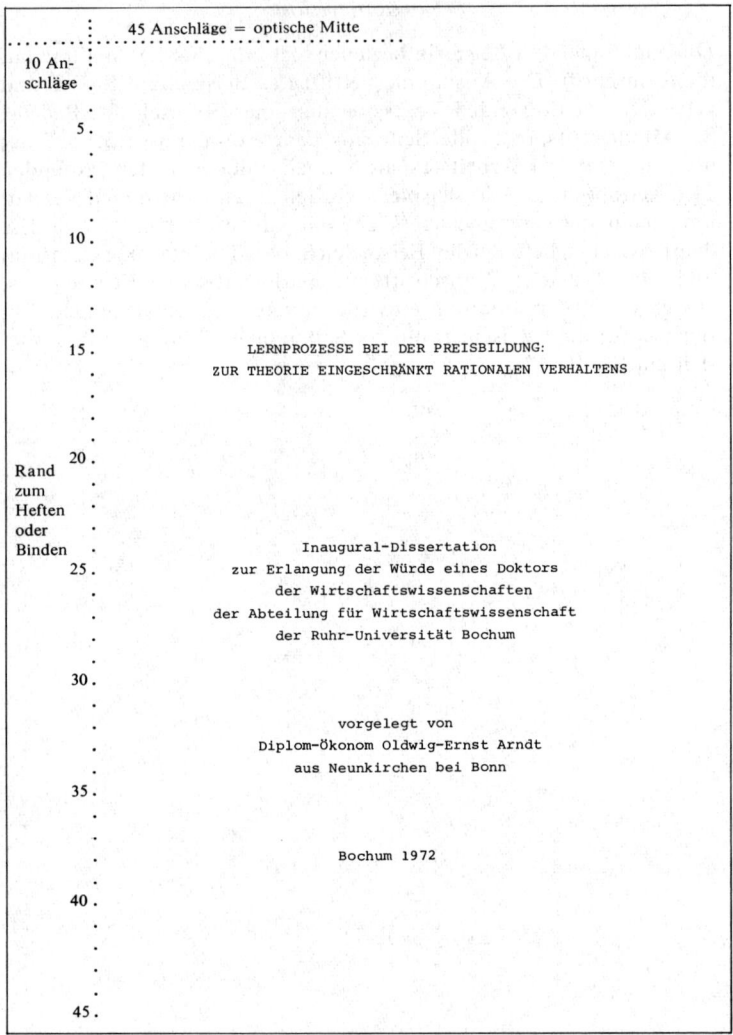

```
          45 Anschläge = optische Mitte
10 An-
schläge
      5.




     10.




     15.           LERNPROZESSE BEI DER PREISBILDUNG:
                ZUR THEORIE EINGESCHRÄNKT RATIONALEN VERHALTENS




     20.
Rand
zum
Heften
oder
Binden
     25.           Inaugural-Dissertation
                zur Erlangung der Würde eines Doktors
                   der Wirtschaftswissenschaften
               der Abteilung für Wirtschaftswissenschaft
                    der Ruhr-Universität Bochum


     30.

                         vorgelegt von
                Diplom-Ökonom Oldwig-Ernst Arndt
                    aus Neunkirchen bei Bonn
     35.



                         Bochum 1972

     40.




     45.
```

Beispiel: Titelblatt Seminararbeit

"Das Territorialprinzip im deutschen und
schweizerischen Patentrecht: Ein Vergleich"

Gruppenarbeitspapier für das Oberseminar
"Probleme des Internationalen Patentrechts"
Juristisches Seminar II
Leitung: Prof. Dr. Schiemacher

vorgelegt von
Hermann Frühauf, Käthe Prohlau
und Ernst Weiß

SS 1976

Beispiel: Textgliederung nach Ordnungszahlen und -buchstaben

INHALTSVERZEICHNIS

Beispiel: Textgliederung durch Abschnittsnumerierung nach arabischen Ziffern

Inhaltsverzeichnis

Beispiel: Textseite Rohmanuskript

Was als die rhetorische Energie der <u>Tale of a Tub</u> gerühmt worden ist, erklärt sich aus der Symbiose zweier Redehaltungen nicht nur in der Gesamtstruktur (wie etwa in der dialogischen <u>persona</u>-<u>adversarius</u>-Beziehung), sondern innerhalb einer einzigen 'Aussage', eines Satzes, einer Metaphernfügung.

3.2.6 Das Paradox in <u>A Tale of a Tub</u>

Indem er verbale Bedeutungsbarrieren nicht mehr anerkennt, verneint der frühbürgerliche <u>modern</u> - in der antipuritanischen Satire noch mit dem <u>vulgus</u> gleichgesetzt - die bislang anerkannte Sicht der Dinge und schafft neue, ungewöhnliche, 'paradoxe' Tatsachen. So beklagt schon Samuel Parker:

> Now to Discourse of the Natures of Things in Metaphors and Allegories is nothing else but to sport and trifle with empty words, because these schemes do not express the Natures of Things, but only their Similitudes....[1]

[1] A Free and Impartial Censure of the Platonick Philosophy (Oxford, 1666), S. 75 (zitiert aus George Williamson, "The Restoration Revolt against 'Enthusiasm'," <u>Studies in Philology</u>, 30 (1933), S. 593.

Thomas Hobbes hebt hervor, daß Metaphern sowie "senseless and ambiguous words" wie <u>ignes fatui</u> wirken,[2] und Martin

[2] <u>Leviathan</u>, ed. Henry Morley (London, 1889), S. 30.

Scriblerus, der im <u>bathos</u> stets vom Erhabenen ins Gewöhnliche 'sinkt' (das <u>sinking</u> in Popes Titel), empfiehlt in "Peri Bathous": "Whenever you start a Metaphor, you must be sure to <u>run it down</u> [seine Hervorhebung], and pursue it as far as it can go".[3] Queen Dulness schließlich nimmt in

[3] Alexander Pope, "Peri Bathous, or, Of the Art of Sinking in Poetry," <u>The Works of Alexander Pope, Esq.</u>, ed. William Warburton (London, 1751), VI, 230.

ihrer Imagination bereits den späteren Marsch des Mobs durch London vorweg:

> There motley Images her fancy strike,
> ....
> She sees a Mob of Metaphors advance,
> Pleas'd with the madness of the mazy dance.[4]

[4] Pope, "The Dunciad," I, 65 - 68, <u>The Works</u>, S. 723.

Der exzessive Gebrauch von Metaphern und <u>conceits</u> erscheint in der Satire des 17. und frühen 18. Jahrhunderts nicht nur

Beispiel: Textseite Reinschrift

Was als die rhetorische Energie der Tale of a Tub gerühmt
worden ist, erklärt sich aus der Symbiose zweier Redehaltungen nicht nur in der Gesamtstruktur (wie etwa in der
dialogischen persona-adversarius-Beziehung), sondern innerhalb einer einzigen 'Aussage', eines Satzes, einer Metaphernfügung.

3.2.6   Das Paradox in A Tale of a Tub

        Indem er verbale Bedeutungsbarrieren nicht mehr an-
erkennt, verneint der frühbürgerliche modern - in der antipuritanischen Satire noch mit dem vulgus gleichgesetzt -
die bislang anerkannte Sicht der Dinge und schafft neue,
ungewöhnliche, 'paradoxe' Tatsachen. So beklagt schon
Samuel Parker:

> Now to Discourse of the Natures of Things in Metaphors
> and Allegories is nothing else but to sport and trifle
> with empty words, because these schemes do not express
> the Natures of Things, but only their Similitudes.....[1]

Thomas Hobbes hebt hervor, daß Metaphern sowie "senseless
and ambiguous words" wie ignes fatui wirken,[2] und Martin
Scriblerus, der im bathos stets vom Erhabenen ins Gewöhnliche 'sinkt' (das sinking in Popes Titel), empfiehlt in
"Peri Bathous": "Whenever you start a Metaphor, you must
be sure to run it down [seine Hervorhebung], and pursue it
as far as it can go".[3] Queen Dulness schließlich nimmt in
ihrer Imagination bereits den späteren Marsch des Mobs
durch London vorweg:

> There motley Images her fancy strike,
> ....
> She sees a Mob of Metaphors advance,
> Pleas'd with the madness of the mazy dance.[4]

Der exzessive Gebrauch von Metaphern und conceits erscheint
in der Satire des 17. und frühen 18. Jahrhunderts nicht nur

---

[1] A Free and Impartial Censure of the Platonick Philosophy (Oxford, 1666), S. 75 (zitiert aus George Williamson, "The Restoration Revolt against 'Enthusiasm',"
Studies in Philology, 30 (1933), S. 593.

[2] Leviathan, ed. Henry Morley (London, 1889), S. 30.

[3] Alexander Pope, "Peri Bathous, or, Of the Art of
Sinking in Poetry," The Works of Alexander Pope, Esq.,
ed. William Warburton (London, 1751), VI, 230.

[4] Pope, "The Dunciad," I, 65 - 68, The Works, S. 723.

Beispiel:
Textseite Reinschrift mit mathematischen Formeln

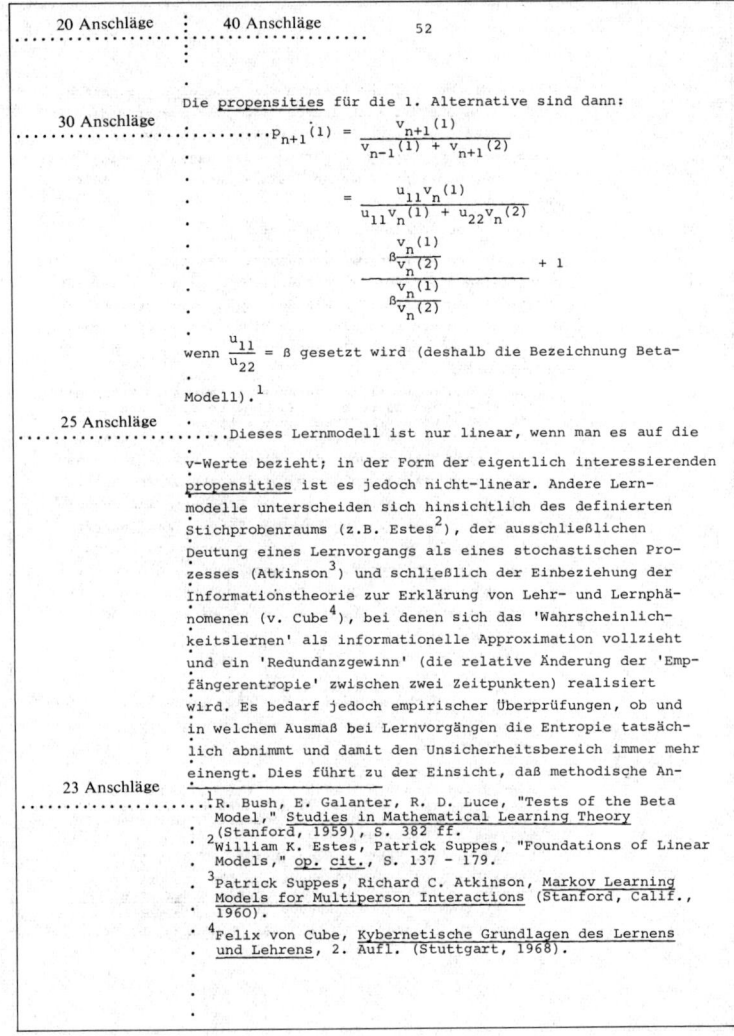

20 Anschläge   40 Anschläge   52

Die propensities für die 1. Alternative sind dann:

30 Anschläge

$$P_{n+1}(1) = \frac{v_{n+1}(1)}{v_{n-1}(1) + v_{n+1}(2)}$$

$$= \frac{u_{11}v_n(1)}{u_{11}v_n(1) + u_{22}v_n(2)}$$

$$\frac{\beta\frac{v_n(1)}{v_n(2)}}{\beta\frac{v_n(1)}{v_n(2)}} + 1$$

wenn $\frac{u_{11}}{u_{22}} = \beta$ gesetzt wird (deshalb die Bezeichnung Beta-Modell).[1]

25 Anschläge

Dieses Lernmodell ist nur linear, wenn man es auf die v-Werte bezieht; in der Form der eigentlich interessierenden propensities ist es jedoch nicht-linear. Andere Lernmodelle unterscheiden sich hinsichtlich des definierten Stichprobenraums (z.B. Estes[2]), der ausschließlichen Deutung eines Lernvorgangs als eines stochastischen Prozesses (Atkinson[3]) und schließlich der Einbeziehung der Informationstheorie zur Erklärung von Lehr- und Lernphänomenen (v. Cube[4]), bei denen sich das 'Wahrscheinlichkeitslernen' als informationelle Approximation vollzieht und ein 'Redundanzgewinn' (die relative Änderung der 'Empfängerentropie' zwischen zwei Zeitpunkten) realisiert wird. Es bedarf jedoch empirischer Überprüfung, ob und in welchem Ausmaß bei Lernvorgängen die Entropie tatsächlich abnimmt und damit den Unsicherheitsbereich immer mehr einengt. Dies führt zu der Einsicht, daß methodische An-

23 Anschläge

[1] R. Bush, E. Galanter, R. D. Luce, "Tests of the Beta Model," Studies in Mathematical Learning Theory (Stanford, 1959), S. 382 ff.
[2] William K. Estes, Patrick Suppes, "Foundations of Linear Models," op. cit., S. 137 - 179.
[3] Patrick Suppes, Richard C. Atkinson, Markov Learning Models for Multiperson Interactions (Stanford, Calif., 1960).
[4] Felix von Cube, Kybernetische Grundlagen des Lernens und Lehrens, 2. Aufl. (Stuttgart, 1968).

4 VIERTER ARBEITSSCHRITT:

DIE LITERATURANGABE (QUELLENBELEG)

4.1 Allgemeines zur Literaturangabe

Unterscheidung von Erstbeleg, Kurzbeleg, Belegverweisung

Drei Arten von Literaturangaben sind sorgfältig zu unterscheiden:

1) der ausführliche Erstbeleg; er erfolgt nur bei der ersten Erwähnung der Quelle und enthält sämtliche bibliographischen Angaben, die der Leser zum einwandfreien Identifizieren und raschen Auffinden des zitierten Titels benötigt,
2) der Kurzbeleg, der bei erneuter Erwähnung einer bereits voll zitierten Literaturangabe verwendet wird; er enthält (ggf. in gekürzter Form) nur noch die nötigsten zur Identifizierung der Quelle erforderlichen Angaben,
3) die Belegverweisung; sie weist auf einen unmittelbar (!) zuvor erfolgten Beleg hin, ohne die Quelle selber nochmals namentlich zu erwähnen.

Auch eine vollständige Bibliographie zu einer Arbeit enthebt nicht von der Notwendigkeit, jeden Titel bei seiner ersten Erwähnung in dieser Arbeit dem Leser durch bibliographisch vollständigen Erstbeleg vorzustellen. Dieser vollständige Erstbeleg ist auch nötig, wenn man sich im weiteren (etwa bei einer kürzeren Seminararbeit, die nur mit wenigen Quellen arbeitet) mit direkt in den Text eingearbeiteten Kurzbelegen (jeweils in runden Klammern gleich nach Erwähnung der Quelle) begnügen will.

Titelbeschreibung in der Literaturangabe

Literaturangaben in deutschen wissenschaftlichen Arbeiten folgen immer noch einer bunten Vielfalt mehr oder minder improvisierter Verfahrensweisen, deren Infomationsgehalt, Zuverlässigkeit und

Verwertbarkeit erheblich schwankt. Das nachfolgend vorgeschlagene Verfahren knüpft darum in einigen Punkten an die gegenwärtig praktizierten Verfahren bibliothekarischer Titelbeschreibung an, deren Normen hinsichtlich Genauigkeit und Vollständigkeit naturgemäß besonders hoch sind. Es trägt aber zugleich der Tatsache Rechnung, daß bei Literaturangaben in wissenschaftlichen Texten nur die für eine eindeutige Benennung und rasche Auffindbarkeit der Quelle zureichende Information gefordert werden kann, nicht aber minutiöse bibliothekarische Vollständigkeit. Das Verfahren gibt im übrigen einer Methode der Titelbeschreibung den Vorzug, die sich in der Praxis wissenschaftlichen Arbeitens mittlerweile international besonders bewährt hat.[1]

Genauigkeit und Vollständigkeit der Titelbeschreibung

Die bibliographischen Angaben der benutzten Literatur entnimmt man immer dem jeweiligen Titelblatt, ergänzend ggf. seiner Rückseite und einem Vorsatzblatt (das mitunter den Reihentitel angibt) oder anderen Stellen des Buches. Keinesfalls dürfen Angaben von Klappentexten oder vom Einband unkritisch übernommen werden, da sie nach Gesichtspunkten der optisch attraktiven Gestaltung des Buches ausgewählt werden, nicht aber dem Anspruch auf Genauigkeit und Vollständigkeit genügen. Fehlende oder unvollständige Angaben lassen sich durch Nachschlagen in Bibliothekskatalogen oder Nationalbibliographien ergänzen. Wurden bibliographische Angaben bereits im laufenden Text gemacht (z. B. Verfassername, Titel des Werkes o. ä.), so brauchen sie im Beleg nicht wiederholt zu werden. Bei fremdsprachigen Quellen ist zu beachten, daß zwar die Angaben des Titelblattes original übernommen, also nicht übersetzt werden, daß man aber alle zusätzlichen Angaben, die nicht der Titelei entnommen sind, deutsch hinzufügt (beispielsweise auch die Umfangsangabe ,135 S.'. Siehe auch die folgenden Beispiele).

---

[1] Die bibliographische Aufnahme folgt, wie im Vorwort erläutert, im Grundsätzlichen dem *MLA Style Sheet*. Auf eine Darstellung konkurrierender Verfahren wie der *Preußischen Instruktionen*, *RAK* oder der *Anglo-American Cataloguing Rules* ist bewußt verzichtet worden, um den an einem einheitlichen und zugleich überschaubaren Verfahren interessierten Leser nicht zu verwirren.

Interpunktion, Groß- und Kleinschreibung, Transliteration in der Literaturangabe

Quellenbelege werden wie verkürzte Sätze behandelt. Man trennt darum die Angaben zu einer zitierten Quelle lediglich durch Kommata und setzt Ort, Verlag und Jahr in Klammern. Zu beachten ist, daß vor einer Klammer nie ein Satzzeichen gesetzt wird. Die Groß- und Kleinschreibung in Titeln sollte sich nach den in der jeweiligen Sprache gültigen Regeln richten. Im Englischen werden neben dem ersten Wort alle weiteren Wörter außer Artikeln, Präpositionen und Konjunktionen großgeschrieben:

[1] Klaus Baer, *Rank and Title in the Old Kingdom: The Structure of the Egyptian Administration in the Fifth and Sixth Dynasties* (Chicago: Univ. of Chicago Pr., 1960), S. 12.

Im Französichen werden das erste Wort und alle Eigennamen großgeschrieben:

[2] Henri Bacry, *Leçons sur la théorie des groupes et les symétries des particules élémentaires* (New York: Gordon, 1967), S. 47.

Beginnt der Titel mit einem bestimmten Artikel, so werden auch das erste Substantiv sowie ein ihm eventuell voranstehendes Adjektiv großgeschrieben:

[3] Antoin Desgodetz, *Les Antiques Edifices de Rome dessinés et mesures très exactement*, ed. Theodore Besterman (1682; repr. Beaverton: International Scholarly Book Services, 1971), S. 16–21.

In Titeln von Zeitschriften oder Serien werden dagegen alle Hauptwörter großgeschrieben:

[4] *Maisons et Paysages-Nature et Environment*. Früher: *Fermettes et Résidences Secondaires*.

Kommen im Titel andere als lateinische Schriftzeichen vor, so sind sie zu transliterieren (siehe S. 125). Bestimmte bibliothekarisch-bibliographische Begriffe werden auch beim vollständigen Erstbeleg in ihrer abgekürzten Form verwendet (siehe S. 133–138). Sind Zitate nicht aus ihrer eigentlichen Quelle, sondern aus einem Werk der Sekundärliteratur übernommen, so sollte dieser Sachverhalt in der Fußnote eindeutig kenntlich gemacht werden. Man belegt in einem solchen Fall nicht nur die benutzte Sekundärquelle, sondern übernimmt aus ihr – soweit angegeben – auch die bibliographischen Angaben über die Originalquelle.

4.2 Erstbeleg selbständig erschienener Literatur

Gliederung des Erstbelegs

Der Erstbeleg einer selbständig erschienenen Quelle soll in der angegebenen Reihenfolge und mit entsprechender Interpunktion (soweit zutreffend) folgende Angaben enthalten (Schema einer Fußnote! Die Zählung der Fußnoten wird hier durch die Zahl n symbolisiert):

[n] Vor- und Nachname(n) des Verfassers, *Titel des Werkes: Untertitel des Werkes*, Name des Herausgebers und/oder Übersetzers, Auflage, Titel der Reihe oder Serie, Nummer dieser Reihe in arabischen Ziffern (Erscheinungsort: Verlag, Erscheinungsjahr), Bandangabe in großen römischen Ziffern, Seitenangabe in arabischen Ziffern.

Die einzelnen Angaben zu einer selbständig erschienenen Quelle sollen im folgenden in ihren möglichen Erscheinungsformen erläutert und unmittelbar anschließend durch Beispiele veranschaulicht werden.[1] Der Anlage dieser Empfehlungen entsprechend sind die Beispiele überwiegend englischsprachigen und deutschen Quellen entnommen. Die hier im Kursivdruck erscheinenden Angaben müßten im maschinenschriftlichen Manuskript unterstrichen werden.

Vor- und Nachname(n) des Verfassers

Dem Titelblatt wird, soweit angegeben, der vollständige Name des Verfassers in der natürlichen Abfolge (Vorname und Nachname) entnommen. Anmerkungen sind nicht alphabetisch geordnet – ein Voranstellen des Nachnamens ist also ohne Sinn. Berufstitel, akademische Grade wie ‚Professor‘ oder ‚Dr.‘ werden fortgelassen, ebenso Adelstitel, sofern sie nicht Teil des Namens geworden sind:

[5] Kurt Freisitzer, *Soziologische Elemente in der Raumordnung: Zum Anwendungsbereich der empirischen Sozialforschung in Raumordnung, Raumforschung und Raumplanung*, Grazer rechts- und staatswiss. Studien, 14 (Graz: Leykam, 1965), S. 37.

[6] Graf Anton Günther von Oldenburg, *Archivalienausstellung des niedersächsischen Staatsarchivs in Oldenburg*, Veröff. d. Niedersächs. Archivverwaltung, 7 (Göttingen: Vandenhoeck & Ruprecht, 1968), S. 82–84.

---

[1] Aus Gründen der Ökonomie und Anschaulichkeit sind die Angaben gegenüber den ihnen zugrunde gelegten Titeln (die sämtlich existieren) gelegentlich gestrafft.

[7] Arthur M. Schlesinger, jr. and F. L. Israel, *History of American Presidential Elections* (New York: McGraw Hill, 1971), IV, 10–14.

Alle Angaben (z. B. der Name des Verfassers), die schon im laufenden Text genannt worden sind, brauchen in der Fußnote nicht wiederholt zu werden, sofern dadurch nicht Unklarheiten entstehen. Geht der vollständige Name nicht aus dem Titelblatt hervor, sollte man sich um die Ergänzung (etwa des Vornamens) bemühen und die eigene Ergänzung durch Klammerzusätze verdeutlichen. Runde Klammer bedeutet, daß die Ergänzung zwar dem Buch entnommen ist, nicht jedoch direkt dem Titelblatt. Wurden die Ergänzungen außerhalb des Werkes ermittelt, werden sie in eckige Klammern gesetzt. Während bei Seminararbeiten auf diese Unterscheidung verzichtet werden kann, sollte sie bei wissenschaftlichen Veröffentlichungen zur Information des Lesers beibehalten werden:

[8] D[avid] Stark Murray, *Blueprint for Health* (New York: Schocken Books, 1974), S. 87.

Bis zu drei Autoren werden namentlich aufgeführt, bei mehr als drei Verfassern nennt man nur den ersten und setzt dahinter [u. a.] oder [et al.]:

[9] Hans H. Hartvigson, Leif Kvistgaard Jakobsen, *Inversion in Present-Day English*, Odense University Studies in English, Vol. 2 (Odense Univ. Pr., 1974), S. 56.

[10] Friedrich Haferland, Walter Heindl und Heinz Fuchs, *Ein Verfahren zur Ermittlung des wärmetechnischen Verhaltens ganzer Gebäude unter periodisch wechselnder Wärmeeinwirkung: Rechnerische Untersuchungen zur Ermittlung der Größenordnung bestimmter Einflüsse von Bauweise und Konstruktion sowie sonstiger Parameter auf die Temperaturstabilität in Räumen*, Berichte aus der Bauforschung, 99 (Berlin: Wilhelm Ernst, 1975), S. 110.

[11] Wolfram Flößner [u. a.], *Praxis: Oberstufe. Organisation und Didaktik der neugestalteten gymnasialen Oberstufe* (Braunschweig: Westermann, 1975), S. 37–49.

[12] Ralph Nader [et al.], *Ruling Congress: A Study of How the Senate and House Rules Govern the Legislative Process* (New York: Grossman, 1975), S. 42.

Bei Schriften, die keinen persönlichen Verfasser haben, sondern von einer Institution, Körperschaft o. ä. verfaßt sind, nimmt der korporative Verfasser in der Anordnung den Platz des persönlichen Verfassers ein:

[13] President's Commission on Law Enforcement and Administration of Justice, *Task Force Report: The Police* (1967; repr. New York: Arno Pr., 1971), S. 33.

Bei Veröffentlichungen unter Pseudonymen wird das Pseudonym wie ein persönlicher Verfasser behandelt, wenn es bekannter ist als der tatsächliche Name. So werden die Werke von Samuel Clemens unter seinem Pseudonym ‚Mark Twain' geführt, die von F.-M. Arouet unter ‚Francois-Marie Voltaire', die Schriften des Friedrich Leopold Freiherr von Hardenberg unter seinem Pseudonym ‚Novalis'.[1] Zur Aufschlüsselung der wirklichen Namen der Verfasser zieht man Pseudonymenlexika zu Rate (für weitere Hinweise zur Behandlung von Pseudonymen und anonymen Autoren siehe S. 174–175).

Vollständiger Titel der Quelle

Den Sachtitel, d. h. die Benennung eines Werkes, entnimmt man dem Titelblatt, das die umfassendste Beschreibung des Werkes enthält, nicht aber dem Vorsatztitel, der meist ohne weitere bibliographische Angaben auf einem besonderen Blatt vor dem Titelblatt steht. Die gedruckte Interpunktion wird immer beibehalten (zur Schreibweise fremdsprachiger Titel siehe S. 149–150):

[14] *Bibliography of Mono- and Multilingual Dictionaries and Glossaries of Technical Terms Used in Geography As Well As in Related Natural and Social Sciences. Bibliographie des dictionnaires et glossaires mono- et multilingues des termes techniques géographiques ainsi comme des sciences voisines naturelles et humaines*, comp. E[mil] Meyen (Wiesbaden: Steiner, 1974), S. 141.

Ist zusätzlich zum Titel ein Untertitel aufgeführt, wird er ebenfalls genannt und vom Haupttitel durch einen Doppelpunkt getrennt, wenn auf dem Titelblatt keine anderen Satzzeichen vermerkt sind. Das erste Wort nach dem Doppelpunkt wird wiederum großgeschrieben:

[15] Lionel Groulx, *Le Canada français missionaire: Une autre grande aventure* (Montreal: Fides, 1962), S. 530.

[16] Richard G. Dumont and Dennis C. Foss, *The American View of Death: Acceptance or Denial?* (Cambridge, Mass.: Schenkman, 1972), S. 33.

---

[1] In den nach den Preußischen Instruktionen geführten alphabetischen Katalogen wird das Pseudonym jedoch stets aufgelöst und das Werk unter den ermittelten Verfasser gestellt.

Ungewöhnlich lange Titel können gekürzt werden, die ersten drei Wörter müssen jedoch unbedingt vollständig wiedergegeben werden. Auslassungen werden durch drei Punkte angezeigt:

[17] Ehrich [sic] August Doescher, *Erfahrungen und Abenteuer während eines achtjährigen Aufenthalts in den Vereinigten Staaten von Nordamerika...* (Chemnitz: Goedsche, 1841), S. 311–313.

[18] *Message of the Mayor of the City of New York to the Board of Estimate... Executive Budget for the Fiscal Year, 1941–42* (New York, 1942), S. 7.

[19] John Luffman, *Brief Account of the Island of Antiqua, Together with the Customs and Manners of Its Inhabitants,...*, 2nd ed. (1790; repr. Westport: Negro Univ. Pr., 1975), S. 99–112.

Titel und Untertitel werden im Manuskript unterstrichen, was Kursivschreibung im Druck entspricht (für Titel im Titel siehe S. 119). Wie bei der Textwiedergabe im Zitat wird auf offensichtliche, im Titel mitgedruckte Fehler durch [sic] oder [!] hingewiesen:

[20] *Amerika. Der heutige Standpunkt der Kultur in den Vereinigten Staaten. Monographieen* [!] *aus der Feder hervorragender deutsch-amerikanischer Schriftsteller,* gesammelt und hg. Armin Tenner, 2. Aufl. (Berlin: Stuhr, 1886), S. 237.

Herausgeber

Der Name des Herausgebers oder der herausgebenden Institution oder Körperschaft erscheint in der gegebenen Form. Ihm wird die Abkürzung ‚hg.‘, in der vollen Form ‚hrsg.‘ oder ‚ed.‘ vorangestellt (zur Auflösung der Abkürzungen siehe S. 134–138). Eventuelle Zusätze werden im Wortlaut des Titelblattes übernommen:

[21] *Input – Output Techniques: Proceedings of the Fifth International Conference on Input – Output Techniques, Geneva, January, 1971,* ed. A. Bródy and A. P. Carter (Amsterdam: North-Holland Publ. Co., 1972), S. 215.

[22] *Geisteswissenschaft und Naturwissenschaft: Ihre Bedeutung für den Menschen von heute,* hg. Wolfgang Laskowski [u. a.] (Berlin: de Gruyter, 1970), S. 12–15.

[23] *La société canadienne-française: Etudes,* choisies et présentées par Marcel Rioux et Yves Martin (Montréal: Hurtubise, 1971), S. 400.

Ist die Arbeit des Herausgebers Gegenstand der Untersuchung und nicht der herausgegebene Text, werden Vor- und Nachname des

Herausgebers vor den Sachtitel gestellt. In diesem Fall folgen nach einem Komma die bereits auf S. 134–138 erwähnten Abkürzungen dem Namen:

[24] Ikutaro Shimizu, Yoshiro Tamanoi, Hgg., *Tradition und sozialer Wandel*, Wirtschaft und Gesellschaft Ostasiens, 2 (Düsseldorf: Westdeutscher Verlag, 1975), S. 157.

[25] Alexander Sackton, comp., *The T. S. Eliot Collection of the University of Texas at Austin* (Austin: Univ. of Texas, 1975), S. 43.

Ebenso werden Anthologien, Chrestomatien und ähnliche Textsammlungen unter dem Namen des Herausgebers zitiert:

[26] Octavio Ignacio Romano-V, Herminio Rios, eds., *El Espeja – the Mirror: Selected Chicano Literature*, 5., rev. pr. (Berkeley/Calif.: Quinto Sol, 1972), S. 215.

[27] Friedrich Schiller, Hg., *Anthologie auf das Jahr 1782*, mit e. Nachwort v. Katharina Mommsen (1782; Faksimiledruck Stuttgart: Metzler, 1973), S. 328–329.

[28] Günter Dürig, Hg., *Gesetze des Landes Baden-Württemberg: Loseblatt-Textsammlung*, 6. Aufl. (München: Beck, 1975).

Herausgeber und Verfasser

Ist zusätzlich zum Verfasser ein Herausgeber angegeben, muß er genannt werden:

[29] Arthur F. Utz, *Ethik und Politik: Aktuelle Grundfragen der Gesellschafts-, Wirtschafts- und Rechtsphilosophie*, hg. Heinrich B. Streithofen (Stuttgart: Seewald, 1969), S. 412.

[30] Norman Angell [et al.], *Economic Principles and Problems*, ed. W. E. Spahr, 4th ed. (New York: Farrar & Rinehart, 1941), II, 134.

[31] Jose A. Primo De Rivera, *Jose Antonio Primo De Rivera: Selected Writings*, ed. and introd. Thomas Hugh (New York: Harper & Row, 1975), S. 25.

Steht die Arbeit des Herausgebers zur Diskussion, kann wie auf S. 151–152 verfahren werden: Der Herausgeber wird statt des Verfassers zuerst genannt. Das auf S. 150 aufgeführte Gliederungschema eines Fußnotenbelegs erhält folgende Ordnung:

[n] Vorname und Nachname des Herausgebers, Hg., *Titel des Werkes*, von Vor- und Nachname des Verfassers ...

Die oben genannten Beispiele lauten dann:

[32] Heinrich B. Streithofen, Hg., *Ethik und Politik: Aktuelle Grundfragen der Gesellschafts-, Wirtschafts- und Rechtsphilosophie*, von Arthur F. Utz (Stuttgart: Seewald, 1969), S. 412.

[33] W. E. Spahr, ed., *Economic Principles and Problems*, by Norman Angell [et al.], 4th ed. (New York: Farrer & Rinehart, 1941), II, 134.

[34] Thomas Hugh, ed. and introd., *Jose A. Primo De Rivera: Selected Writings* (New York: Harper & Row, 1975), S. 25. (Hier ist der Verfassername entbehrlich, da die Verfasserschaft aus dem Titel hervorgeht.)

Übersetzer

Das auf S. 153–154 Gesagte gilt analog mit den entsprechenden Abkürzungen wie ‚Übers.‘, ‚trans.‘:

[35] Sergiei N. Sergieev-Tsensky, *Transfiguration*, ed. Maxim Gorky, trans. Marie Budberg (1926; repr. Freiburg: Hyperion, 1973), S. 27.

(In diesem Beispiel handelt es sich um die Namensform der englischen Übersetzung, zur Transkription aus nicht-lateinischen Alphabeten siehe S. 125–126).

Auflage

Da ein Verfasser es sich selten nehmen läßt, anläßlich einer Neuauflage seines Werkes Veränderungen und Verbesserungen am Text vorzunehmen, wird man in der Regel die letzte überarbeitete Auflage benutzen. In jedem Fall ist die Angabe der benutzten Auflage nötig, wenn es sich nicht mehr um die erste handelt. Alle möglicherweise im Werk gegebenen Zusätze werden in gekürzter Form übernommen wie z. B. ‚4. erw. u. neu eingel. Aufl.‘, ‚rev. ed.‘, ‚2nd ed.‘, ‚12th rev. and enl. ed.‘ o. ä.:

[36] Wilhelm H. Westphal, *Die Grundlagen des physikalischen Begriffssystems: Physikalische Größen und Einheiten*, 2., verb. Aufl. (Braunschweig: Vieweg, 1971), S. 42–44.

Der Hinweis auf einen unveränderten Nachdruck (engl. ‚impression‘, ‚reprint‘) ist nur dann nötig, wenn der Verlag nicht das Jahr des ersten Erscheinens der betreffenden Auflage, sondern lediglich das Druckjahr angibt. Ohne diese Information könnte sonst der Leser für eine neue Veröffentlichung halten, was nur der Nach- oder Neudruck eines vielleicht vor Jahrzehnten erschienenen Werkes ist. Folgende formale Anordnung wird vorgeschlagen:

[37] Victor Modeste, *Du paupérisme en France: Etat actuel, causes, remédes possibles* (1858; repr. New York: Clearwater, 1974), S. 85.

[38] Wilhelm H. Westphal, *Physikalisches Praktikum: Eine Sammlung von Übungsaufgaben mit einer Einführung in die Grundlagen des physikalischen Messens*, unter Mitarb. v. K. Krebs u. W. Westphal, 13., verb. u. erw. Aufl. (1971; Nachdr. Braunschweig: Vieweg, 1974), Abb. 35.

Reihe, Serie

Ist das Werk Teil einer Reihe oder Serie, d. h. einer fortlaufenden Veröffentlichung, bei der die einzelnen Werke (Einzeltitel), die meist lose thematisch verbunden sind, in zwangloser Folge erscheinen, wird der Reihentitel bzw. die Bezeichnung der Serie ohne Unterstreichung (Kursivdruck) oder Anführungsstriche genannt. Nur gezählte Serien werden berücksichtigt, ungezählte Serien wie z. B. Verlegerserien (d. h. übergeordnete Gesamttitel, unter denen nach Absicht des Verlegers weitere Einzelveröffentlichungen erscheinen sollen) werden nicht in den Beleg aufgenommen. Die Nummer des Bandes in der Reihe folgt, durch Komma vom Reihentitel getrennt, in arabischen Ziffern und mit den gegebenenfalls auf dem Titelblatt genannten Zusätzen wie z. B. ‚Bd.‘, ‚Vol.‘ o. ä.:

[39] Dieter Zimmermann, *Strukturgerechte Datenorganisation. Systembildung, Datenwahl und Datenaufbereitung*, Wirtsch.-Führung Kybernetik Datenverarb., 10 (Neuwied: Luchterhand, 1972), Abb. 13.

[40] Shigeru Nakayama, *History of Japanese Astronomy: Chinese Background and Western Impact*, Harvard-Yenching Institute Monograph Series, No. 18 (Cambridge, Mass.: Harvard Univ. Pr., 1969), S. 43.

[41] Brian Goodey, *A Checklist of Sources on Environmental Perception*, The Univ. of Birmingham. Centre for Urban and Regional Studies. Research Memorandum, No. 11 (Birmingham: Univ. of Birmingham, 1972), S. 132.

Bezieht sich ein Beleg auf eine mehrbändige Ausgabe als Ganzes, so gibt man in arabischen Ziffern die Gesamtzahl der Bände an. Ein solcher Beleg enthält dann selbstverständlich keine Seitenangabe:

[42] *Progress in Thin Layer Chromatography and Related Methods,* ed. A. Niederweiser and Pataki, 3 vols. (Ann Arbor: Science, 1970–1972).

Die Verfahrensweise bei einem Beleg, der sich auf eine bestimmte Stelle aus einem der Bände bezieht, wird unter „Seitenangabe" (siehe S. 159–160) erläutert. Erscheinen auf der (oder den) Titelseite(n) eines Bandes einer mehrbändigen Ausgabe nicht nur der jeweilige Stücktitel, sondern auch der übergeordnete Titel der Gesamtausgabe, so gibt man zuerst den Titel der Gesamtausgabe an, dann die Bandzahl, darauf nach einem Doppelpunkt den Stücktitel:

[43] Otto Ludwig, *Handbuch des Maschinenbaus,* Bd. 1: *Werkbuch für den Metallfacharbeiter: Ein Lehr- und Nachschlagebuch für die Praxis des Metallgewerbes,* 10., neu bearb. Aufl. (Gießen: Pfanneberg, 1967), Abb. 504.

[44] *Afrika. Klett Handbuch für Reise und Wirtschaft,* hg. Afrika-Verein, Bd. 2: *Nord- und Ostafrika,* 2., neubearb. Aufl. (Hamburg: Klett, 1973), S. 402–409.

Mehrbändige Werke mit einem übergeordneten Gesamttitel – auch solche mit einem Herausgeber – deren Einzelbände verschiedene Verfasser oder Herausgeber haben (Sammelwerke), werden folgendermaßen zitiert:

[45] Paul Sorauer, *Handbuch der Pflanzenkrankheiten,* hg. Otto Appel [u. a.], Bd. 1: *Die nichtparasitären Krankheiten,* hg. Bernhard Rademacher, 7., neugest. Aufl., Lfg. 1: *Geschichte der Phytomedizin…,* bearb. Hans Braun u. Karl Müller (Hamburg: Parey, 1965), Abb. 53.

[46] *Handbook of Commercial Scientific Instruments,* Vol. 2: Wesley Wendlandt, *Thermoanalytical Techniques* (New York: Dekker, 1974), S. 156–158.

[47] *Handbook of Sensory Physiology,* ed. H. Autrum [et al.], Vol. 7, Pt. 2: *Physiology of Photoreceptor Organs,* ed. M. G. Fuortes (New York: Springer, 1972), S. 12.

Erscheinungsdaten
(Erscheinungsort, Verlag, Erscheinungsjahr)

Diese Angaben werden immer in runde Klammern gesetzt, Verlag und Jahr vom Ort durch einen Doppelpunkt getrennt:

[48] H. Wigand, *Die nicht-hämolytischen Bluttransfusionsstörungen* (Berlin: Springer, 1955), S. 28.

1) Erscheinungsort und -jahr: Fehlen auf dem Titelblatt Angaben zum Erscheinungsort oder -jahr, so schreibt man ,o. O.' bzw. ,o. J.'; sind beide Angaben nicht zu ermitteln, steht ,o. O. u. J.':

[49] Ernest Mandel, *Where Is America Going?* (Boston, Mass.: New England Free Pr., o. J.), S. 14.

[50] Buddy Stein and David Wellman, *The Scheer Campaign* (o. O. u. J.), S. 64.

Nach Möglichkeit sollte man sich bemühen, annähernde Daten in Zusätzen wie [1963?], [ca. 1963], [vor 1963], [nach 1963] zu nennen:

[51] Ernest Mandel, *Where Is America Going?* (Boston, Mass.: New England Free Pr. [ca. 1969]), S. 14.

Die ergänzenden Angaben, die außerhalb des Werkes ermittelt wurden, werden in eckige Klammern gesetzt. Bei Arbeiten, denen eine Bibliographie beigegeben wird, kann im Erstbeleg u. U. auf die Erwähnung des Verlages verzichtet werden. Verlagsort und -jahr werden dann innerhalb der Klammer durch ein Komma getrennt:

[52] J. Wild, *Neuere Organisationsforschung in betriebswirtschaftlicher Sicht: Internationale Forschungsansätze und -ergebnisse zur formalen Problematik der Aufbauorganisation,* Betriebswirtschaftliche Forsch.-Ergebnisse, 31 (Berlin, 1968), S. 112–115.

Die Jahresangabe sollte sich, soweit feststellbar, auf das erste Erscheinen der benutzten Auflage beziehen (siehe auch S. 155–156), denn das Copyright kann schon viel früher eingetragen sein, während das Druckjahr sich auf einen wesentlich späteren Nachdruck beziehen kann. Ist nur das Copyright-Jahr auf der Rückseite des Titelblattes angegeben, wird es als Erscheinungsjahr zitiert. Sind mehrere Orte erwähnt, genügt es, den Heimatort des Verlages anzugeben. Um Verwechslungen zu vermeiden, können Erscheinungsorte gleichen Namens durch angemessene Abkürzung eindeutiger bezeichnet werden (siehe oben, Beispiel 51).

2) Verlag: Im Erstbeleg sollte stets auch der Verlag genannt werden, da diese Angabe dem Leser wertvolle Anhaltspunkte bezüglich Art und Niveau einer Veröffentlichung bieten kann. Die Angabe des Verlages geschieht in kürzester Form, z. B. (New York: Macmillan, 1972) und nicht (New York: The Macmillan Co., 1972).

Bei unveröffentlichten Dissertationen, die als unselbständige Veröffentlichungen gelten und deshalb in Anführungszeichen gesetzt werden, sind der Universitätsort und das Jahr der mündlichen Prüfung anzugeben:

[53] Iris Bünsch,,,Die zentralen Zeichen in den verschiedenen Fassungen von Tennessee Williams' Drama *Orpheus Descending*" (Diss. Kiel, 1974), S. 33.

Der oft gebrauchte Zusatz [masch.-schr.] kann bei diesen Empfehlungen entfallen, da unveröffentlichte Dissertationen wie unselbständige Publikationen behandelt werden und durch die doppelten Anführungsstriche als unveröffentlicht zu erkennen sind. Auch bei veröffentlichten Dissertationen wird den Daten die Abkürzung ,Diss.' vorangestellt. Wenn Ort und Jahr der Veröffentlichung nicht mit Ort und Jahr der Promotion zusammenfallen, werden beide Angaben in folgender Form gemacht:

[54] Charles Ralph, *Persistent Rhythms of Activity and Oxygen-Consumption in the Earthworm* (Diss. Northwestern Univ., 1955), S. 65.

[55] Charles K. Hunter, *Der Interpersonalitätsbeweis in Fichtes früher angewandter praktischer Philosophie*, Monographien zur philosophischen Forschung, Bd. 106, Diss. München, 1971 (Meisenheim: Hain, 1973), S. 187.

Bandangabe

Bezieht sich ein Beleg auf eine bestimmte Stelle aus einem Band eines mehrbändigen Werkes,[1] so wird die Bandangabe in großen römischen Ziffern[2], von Kommata eingeschlossen, hinter die Publikationsdaten, unmittelbar vor die Seitenangabe gesetzt. In diesem Fall können die entsprechenden Abkürzungen wie ,Bd.', ,t (tome)', ,Vol.' weggelassen werden:

[56] Ruth Schmidt-Wiegand, *Studien zur historischen Rechtswort-Geographie: Der Strohwisch als Rechtssymbol* (München: Fink, 1973), II, 78.

Seitenangabe

Vor die Seitenangabe, die in arabischen Ziffern erfolgt, wird ein ,S.' gesetzt. Ist eine Bandzahl angegeben, kann die Abkürzung ,S.' entfallen (siehe oben, Beispiel 56). Bezieht sich der Beleg auf eine

---

[1] Zur Behandlung der Zählung bei Serienwerken siehe auch S. 156–157.
[2] Arabische Ziffern sind nicht zu empfehlen, da sie zu leicht mit der Seitenangabe verwechselt werden können.

oder mehrere Folgeseiten, ist die genauere Seitenangabe ‚S. 117–120‘ dem Zusatz ‚f‘ bzw. ‚ff‘ hinter der Seitenzahl vorzuziehen (also nicht ‚S. 117ff‘):

[57] Otto Wilcke, *Isotopendiagnostik in der Neurochirurgie*, Acta Neurochirurgica, Suppl., 15 (Wien: Springer, 1966), S. 99–103.

Bei Texten, die keinerlei Zählung aufweisen, schreibt man anstelle der Seitenangabe ‚n. pag.‘ (nicht paginiert) oder ‚n. gez. Bl.‘ (‚nicht gezählte Blätter‘).

An die Stelle der Seitenangabe können der Zählung der zitierten Literatur entsprechend auch die Angaben ‚Sp.‘, ‚Abb.‘ o. ä. treten.

4.3 Erstbeleg nicht selbständig erschienener Literatur

Gliederung des Erstbelegs

Zur ‚nicht selbständigen‘ Literatur zählen alle Texte, die nicht unter eigenem Titelblatt, sondern als Teil eines größeren Ganzen vorliegen: z. B. Zeitschriftenaufsätze, Zeitungsartikel, Buchkapitel, Rezensionen, Gedichte oder Kurzgeschichten in Anthologien u. ä. Ebenso behandelt werden unveröffentlichte Manuskripte, Briefe, Vortragsniederschriften sowie maschinenschriftliche Dissertationen. Für diese unselbständige Literatur ergibt sich folgendes Gliederungs- und Interpunktionsschema:

[n] Vor- und Nachname(n) des Verfassers, „Titel der unselbständigen Veröffentlichung,“ (immer in doppelten Anführungsstrichen) *Titel der Zeitschrift, der Zeitung, des Jahrbuchs, der Anthologie o. ä.* (immer unterstrichen bzw. kursiv gesetzt), ggf. Serie oder Folge, Bandnummer (Jahrgang) in arabischen Ziffern, ggf. Nummer der einzelnen Ausgabe (genaues Erscheinungsdatum), Seitenangabe.

Die einzelnen Gliederungsteile werden im Folgenden wiederum kurz erläutert, soweit sie Aspekte aufweisen, die von den auf S. 150–160 charakterisierten Gliederungsteilen abweichen.

Titel der unselbständig erschienenen Quelle (Aufsatz, Buchkapitel o. ä.)

Der Titel einer unselbständig erschienenen Quelle (Zeitungsartikel, Aufsatz, Gedicht aus einer Anthologie, Kapitel aus einem Buch, unveröffentlichte Dissertation u. ä.) wird stets in doppelte Anführungszeichen gesetzt (siehe unten, Beispiel 58).

Titel der Zeitschrift, Zeitung, Anthologie o. ä.

Der Titel der Zeitschrift, Zeitung, Anthologie o. ä., aus der eine unselbständige Quelle zitiert wird, ist stets zu unterstreichen, da es sich dabei um eine selbständige Veröffentlichung mit eigenem Titelblatt handelt (zur Kürzung von Zeitschriftentiteln siehe DIN 1502 und das dazugehörige Beiblatt 1):

[58] R. Hoffmann, „Disseminierte intravasale Gerinnung bei spontaner Coli-Enterotoxämie der Schweine," *Berliner und Münchener tierärztliche Wochenschrift*, 85 (1972), 222.

Neue Folge

Wird die Zeitschrift in einer wieder erscheinenden Folge oder Serie publiziert, wird diese Angabe (z. B. ,N. F.' oder ,n. s.') in den Beleg übernommen:

[59] Rudolf Steinberg, „Die Rechtsprechung des U.S. Supreme Court zu den Interessengruppen," *Jahrbuch des öffentlichen Rechts der Gegenwart*, N. F., 21 (1972), 629.

[60] Hermann Wellenreuther, „Urbanization in the Colonial South: A Critique," *The William and Mary Quarterly*, 3rd ser., 31 (1974), 667.

Angabe der Zählung:
Band, Heft, Nummer, Jahrgang

In der jüngsten Zeit hat sich das Verfahren durchgesetzt, für die Bandangabe grundsätzlich arabische Ziffern zu verwenden. Dies gilt auch, wenn das Titelblatt römische Ziffern angibt, da sie eine häufige Fehlerquelle bilden. Die Bandangabe erfolgt ohne den Zusatz ,Bd.' oder ,Vol.' (siehe oben, Beispiel 59 und 60). Bei Zeitungen nennt man das vollständige Datum des Erscheinens, setzt diese Angaben jedoch nicht in Klammern, sondern trennt sie durch Kommata von der Seitenangabe:

[61] Michael Jungblut, „Die Gefahren auf dem Weg nach oben," *Die Zeit*, Nr. 15, 2. April 1976, S. 17.

[62] John Ardoin, „Promoting Opera Texas Style," *The New York Times*, Sunday ed., Feb. 29, 1976, sec. 2, D 19.

Die Zählung der einzelnen Hefte, der Nummern und dergl. wird nur dann hinzugefügt, wenn diese gesonderte Seitenzählung haben, die Seitenzählung also nicht durchlaufend für den gesamten Jahrgang gilt und Monat, Quartal oder Halbjahr des Erscheinens nicht genannt werden. Die Nummer wird dagegen stets genannt bei Zeitschriften, die nicht nach Bänden zählen, sondern nach Nummern. In diesem Falle wird der arabischen Zählung der Nummer oder des Heftes die entsprechende Abkürzung ‚Nr.‘, ‚No.‘ oder ‚H.‘ vorangestellt, in runden Klammern folgt der Jahrgang:

[63] Klaus Lipinski, „Prinzip der bistabilen Bildspeicherung in Oszillographenröhren,“ *Internationale elektronische Rundschau*, 25, H. 2 (1971), 32–34.

[64] Aiko Kaneko [u. a.], „Change in Acid Phosphatase During Azo-Dye Carcinogenesis,“ *Gann*, 63, No. 1 (1972), 43.

[65] Vasilij Vital'evič Šul'gin, „Dni,“ *Russkaja mysl'*, No. 6/7 (1922), 85–123.

Das letztgenannte Beispiel zeigt, wie eine Doppelnummer wiedergegeben wird.

Jahrgang, Erscheinungsjahr

Bei durchgehender Seitenzählung eines Jahrganges einer periodischen Veröffentlichung genügt als Erscheinungsdatum die Angabe des Jahres:

[66] Günther Bauer, „Über die Bestimmung der Richtung von Übergangsmomenten in länglichen Molekülen aus Messungen des IR-Dichroismus,“ *Monatshefte für Chemie und verwandte Teile anderer Wissenschaften*, 102 (1971), 1787.

Für Zeitschriften mit gesonderter Seitenzählung der einzelnen Ausgaben (Hefte, Nummern) setzt sich das genaue Erscheinungsdatum aus dem Monat oder dem Quartal u. dgl. und dem Jahr des betreffenden Bandes zusammen. Die Erscheinungsdaten werden in jedem Fall in Klammern gesetzt (zum abweichenden Beleg eines Zitats aus einer Tages- oder Wochenzeitung siehe S. 161):

[67] Sylva M. Gelber, „The Rights of Man and the Status of Women,“ *Women Studies Abstracts*, 4 (Fall 1975), 29.

[68] Patricia Reber, „Gutenberg and All That,“ *Rundschau. An American German Review*, 5 (September 1975), 15.

Werden sowohl Einzelheftangabe als auch Erscheinungsmonat oder Quartal auf der Titelseite angeführt, übernimmt man nur die Monats- oder Quartalsangabe (siehe oben, Beispiele 67, 68).

Seitenangabe

Zur Identifizierung eines Artikels bzw. eines Zitats aus einem Artikel ist stets die genaue Seitenangabe erforderlich. Wird in dem Beleg die Bandnummer angegeben (wohl die häufigste Art der Angabe), so werden als Seitenangabe nur die arabischen Ziffern genannt, der Zusatz ‚S.' kann entfallen:

[69] Martin Honecker, „Kommentar zu den ‚Thesen zur Eidesfrage'," *Zeitschrift für evangelische Ethik*, 17 (1973), 109.

Bei allen anderen unselbständigen Literaturbelegen wird die Abkürzung ‚S.' der Seitenzahl vorangestellt (siehe unten, Beispiel 70 bis 73). Bezieht sich der Beleg auf einen ganzen Aufsatz, so gibt man dessen erste und letzte Seite an (siehe unten, Beispiel 71). Bei Zitaten aus Zeitungen kann Spaltenangabe oder Abschnittsangabe zusätzlich zur genauen Seitenangabe das Auffinden des gesuchten Belegs erleichtern (siehe oben, Beispiel 62).

Literaturangabe aus Anthologie, Sammelband, Festschrift, Enzyklopädie

Für Quellenbelege aus Anthologien, Sammelbänden, Festschriften, Enzyklopädien o. ä. gilt die gleiche Anordnung wie für solche aus Zeitschriften (siehe S. 160):

[70] Ernest Hemingway, „The Killers," *Detective Fiction: Crime and Compromise*, ed. Dick Allen and David Chacko (New York: Harcourt, 1974), S. 13.

[71] Charles C. Colby, „The Role of Shipping in the World Order," *The Foundations of a More Stable World Order*, ed. Walter H. C. Laves, Harris Foundation Lectures, 1940 (Chicago: Chicago Univ. Pr., 1941), S. 87–89.

[72] Karl Anton Nowotny, „Klassische Archäologie und ethnographische Theorien," *Entwicklung und Fortschritt: Soziologische und ethnologische Aspekte des sozialkulturellen Wandels. Wilhelm Emil Mühlmann zum 65. Geburtstag*, hg. Horst Reimann u. Ernst W. Müller (Tübingen: Mohr, 1969), S. 44.

[73] Arnold S. Kaufman, „Behaviorism," *The Encyclopedia of Philosophy*, ed. Paul Edwards (New York: Macmillan, 1967), S. 272.

[74] „Emphatic", *Oxford English Dictionary* (London: Oxf. Univ. Pr., 1961). (Bei Nachschlagewerken mit alphabetischer Anordnung kann auf die genaue Seitenangabe verzichtet werden.)

Werden selbständig erschienene Werke unterstrichen und unselbständig erschienene in Anführungszeichen gesetzt, besteht auch nicht die Gefahr der Autorenverwechslung. Auch wird die Präposition ‚in' zwischen Titel der unselbständigen Veröffentlichung und dem

Titel des selbständigen Werkes überflüssig. Sind für ein selbständig erschienenes Werk weder Verfasser noch Herausgeber genannt, so macht dies deutlich, daß der Autor einer daraus zitierten unselbständigen Veröffentlichung zugleich der Verfasser des gesamten Buches ist:

[75] Evans Bergen, „Tale of a Tub," *Natural History of Nonsense* (New York: Knopf, 1946), S. 228–229.

4.4 Kurzbeleg, Belegverweisung

Der Kurzbeleg

Wird eine Quelle nach dem bibliographisch vollständigen Erstbeleg erneut zitiert, so genügt nunmehr ein Kurzbeleg. Er sollte den Nachnamen des Verfassers (bei gleichnamigen Autoren auch den Vornamen), den Werk- bzw. Aufsatztitel in gekürzter, aber verständlicher Form, bei mehrbändigen Werken die Bandnummer und schließlich die Seitenangabe enthalten. Entsprechend der Regelung beim Erstbeleg werden auch beim Kurzbeleg die Angaben nicht wiederholt, die bereits im laufenden Text der Arbeit erwähnt wurden (zur Kürzung von Zeitschriftentiteln siehe S. 132–133):

[76] Bauer, „Über die Bestimmung der Richtung von Übergangsmomenten ....," S. 1788.

[77] Schlesinger, *History of American Presidential Elections*, IV, S. 13.

Der korporative Verfasser wird im Kurzbeleg nicht zusätzlich erwähnt, wenn die Verfasserschaft aus dem Titel, der Serie oder dem Imprint hervorgeht:

[78] *United States Government Printing Office Style Manual*, S. 296–301.

[79] *Medical Care in the United States: Demand and Supply, 1939* (Chicago: American Medical Association, [ca. 1940]), S. 112–115.

Kurzbelege können auch als Anmerkungen im Text selbst gegeben werden. Dies ist besonders ratsam, wenn in einer Arbeit zahlreiche Belege aus einer begrenzten Anzahl von Quellen gebracht werden. Um die Lesbarkeit des laufenden Textes zu erhalten, werden Kurzbelege möglichst nicht innerhalb eines Satzes eingefügt, sondern an das Ende des Zitats in Klammern gesetzt. Handelt es sich um Standardwerke, genügt im Kurzbeleg die fachübliche Abkürzung des Titels bzw. der Nachname des Verfassers. In diesem Fall wird der Leser im Erstbeleg z. B. des *Oxford English Dictionary* auf die im weiteren Verlauf der Arbeit benutzte Abkürzung hingewiesen:

„nachfolgend zitiert als *OED*." Ein späterer Kurzbeleg lautet dann z. B.:

[80] *OED*, S. 234.

Kurzbeleg von Quellen mit feststehender innerer Gliederung

Werke, die eine feststehende, von der jeweiligen Ausgabe unabhängige Gliederung haben (Dramen, Gesetzessammlungen, die Bibel usw.) werden nach dem bibliographisch vollständigen Erstbeleg in darauf folgenden Kurzbelegen nach ihrer inneren Gliederung zitiert. Dabei werden ggf. Verfasser, Kurztitel oder die fachübliche Kurzform und die Untergliederung des Werkes (Buch, Kapitel, Abschnitt, Szene, Gesang, Zeile etc.) entsprechend der Anordnung des zitierten Textes genannt. Zu beachten ist, daß der Kurztitel von den Gliederungsangaben nicht durch Komma getrennt ist. Die Gliederungsangaben selbst werden durch Punkte getrennt, folgen jedoch ohne Leerstelle aufeinander:

Euclid, *Elements* I. 5.

Dabei werden Band, Akt, Teil eines Buches durch große römische Ziffern, Buch (in klassischen Quellen), Kapitel, Szene, Gesang durch kleine römische und Zeilen durch arabische Ziffern bezeichnet:

Räuber IV.iii [‚d. h. vierter Akt, dritte Szene'].

Virgil, *Aeneis* vi.126 [‚d. h. sechstes Buch, Zeile 126'].

Ilias xii.35–39 [‚d. h. zwölftes Buch, Zeile 35–39'].

Ist bei dem Lesepublikum die Kenntnis literarischer Quellen dieser Art nicht vorauszusetzen, können die einzelnen Gliederungsteile auch durch entsprechende Abkürzungen wie ‚Kap.' oder ‚Z.' zusätzlich bezeichnet werden, um das Auffinden der Belege zu erleichtern. Anstelle der Bezeichnung durch römische Ziffern werden zunehmend ausschließlich arabische Ziffern für alle Gliederungsangaben verwendet:

Räuber 4.3.

Virgil, *Aeneis* 6.126.

Ilias 12. 35–39.

Folgen mehrere solcher Belege aufeinander, werden sie durch Semikolon voneinander abgehoben:

Räuber 3. 4. 72; 3. 4. 86.

Bibelzitate können folgendermaßen nachgewiesen werden:

I Moses 3:23,24 [erstes Buch Mose, Kapitel 3, Vers 23 und 24].

II Kor. 13:15 [zweiter Korinther, Kapitel 13, Vers 15].

Die Bücher der Bibel können gekürzt, dürfen aber nicht unterstrichen werden. Im übrigen können Kurzbelege dieser Art in Klammern in den laufenden Text der Arbeit unmittelbar hinter das Zitat eingearbeitet werden.

Sonderformen des Kurzbelegs (besonders im naturwissenschaftlich-technischen Bereich)

Im Bereich der naturwissenschaftlich-technischen Publikationen sind oft Sonderformen der Anmerkung anzutreffen, insbesondere dann, wenn die Abhandlung aktuelle Literatur verarbeitet, nicht aber historisch angelegt ist. Hier sollen zwei Variationen vorgestellt werden, die in Verbindung mit einer Bibliographie in Publikationen aus diesem Bereich häufig zu finden sind. Dabei wird durch Umstellung des bereits dargestellten Schemas die herausragende Bedeutung einzelner Elemente für die Leserinformation akzentuiert. Durch das rasche Anwachsen und Veralten von Informationen in den Naturwissenschaften gewinnt insbesondere das Publikationsdatum einer Veröffentlichung erhöhten Stellenwert, der durch die Abfolge Verfassername, Erscheinungsdatum, Seitenzahl signalisiert wird:

(Wise and Ross 1964. 112–113)

Diese verkürzte Form einer Anmerkung erscheint im laufenden Text und muß immer durch eine Bibliographie (entweder am Ende jedes Kapitels oder am Ende der Arbeit) ergänzt werden. Auch folgende Zitierweise ist anzutreffen:

Die Zelltheorie des Forschers Malden (1939) inspirierte das spektakuläre Werk Canovas (1941), aber Luckows (1944) histologische Klassifizierung und seine folgenden (1948 *a*) mikroskopischen Untersuchungen ...

Sie wird ebenfalls durch eine Bibliographie ergänzt. Letztere ordnet die zitierten Werke entweder alphabetisch nach Verfassern (verschiedene Werke eines Verfassers chronologisch) oder insgesamt chronologisch (mit alphabetischer Ordnung der Verfassernamen unter jedem Jahr). Werden mehrere Werke eines Verfassers mit demselben Erscheinungsjahr zitiert, unterscheidet man sie in dieser Art der Anmerkung durch kursiv gedruckte (im Manuskript unterstrichene) Kleinbuchstaben, z. B. ,Schultz (1947 *b*)'.

Eine weitere Form der Anmerkung im naturwissenschaftlich-technischen Bereich nennt im laufenden Text den Verfasser; unmittelbar darauf folgt in Klammern eine bestimmte Ziffer (in Texten mit mathematischen Symbolen sollten eckige Klammern verwendet werden):

Die Zelltheorie des Forschers Malden (1) inspirierte das spektakuläre Werk Canovas (2), aber Luckows (3) histologische Klassifizierung und seine folgenden (4) mikroskopischen Untersuchungen ermöglichten entscheidende praktische Fortschritte.

Die Auflösung der gekürzten Anmerkung findet sich am Ende des Kapitels oder der Arbeit in einer Liste, in der die korrespondierenden Nummern zusammengestellt sind. Beziehen sich die Zitate auf eine bestimmte Textstelle, muß bei diesem Verfahren das Prinzip durchbrochen werden, daß eine Bibliographie lediglich vollständige Werke oder Aufsätze nennt: Hier werden die genauen Seitenangaben beigefügt. In diesem Fall empfiehlt es sich, diesen Textteil nicht als „Bibliographie", sondern als „Zitierte Literatur" zu bezeichnen.

Nennt man dagegen schon im laufenden Text die genaue Seitenangabe, werden unter der laufenden Nummer der Bibliographie tatsächlich nur noch die vollständigen Werke zitiert. Um die laufende Ziffer im Text von der folgenden Seitenzahl abzuheben, sollte sie durch besondere Zeichen (im nachfolgenden Beispiel durch Kursivdruck oder „halbfetten" Druck oder im maschinenschriftlichen Manuskript z. B. durch Wellenlinie) ausgezeichnet werden:

Die Zelltheorie des Forschers Malden (*1*, 24) inspirierte das spektakuläre Werk Canovas (*2*, 73–85), aber Luckows (*3*, 97–173) histologische Klassifizierung und seine folgenden (*4*, Bd. 3, 78) mikroskopischen Untersuchungen ermöglichten entscheidende praktische Fortschritte.

Sonst ist zur Verdeutlichung die Abkürzung ‚S.‘ einzufügen.

Belegverweisung (‚ibid.‘, ‚op. cit.‘, ‚loc. cit.‘ usw.)

Nimmt man auf einer Manuskriptseite mehrmals unmittelbar (!) hintereinander auf die gleiche Quelle Bezug, brauchen Name des Verfassers, Werk- bzw. Aufsatztitel und (sofern es sich nochmals um die gleiche Stelle innerhalb der zitierten Literatur handelt) auch die Seitenzahl nicht wiederholt zu werden. Die Wendung ‚ibid.‘ oder ‚ebd.‘ bezieht sich immer nur auf die unmittelbar vorhergehende Anmerkung. Sie wird nur in den Angaben verändert, die zur Identifizierung des neuen Belegs erforderlich sind (z. B. Band, Abschnitt oder Seitenangabe):

[81] Werner Kresse, *Die neue Schule des Bilanzbuchhalters: Praktikum des kaufmännischen Rechnungswesens*, 3. Aufl. (Stuttgart: Taylorix, 1972), II, 113.

[82] *Ibid.*, I, 59.

‚*Ibid.*‘ und ‚ebd.‘ sind hier bedeutungsgleich. Man sollte jedoch bei der einmal gewählten Abkürzungsform bleiben. ‚*Op.cit.*‘ (‚im angegebenen Werk‘) oder ‚a. a. O.‘ (‚am angegebenen Ort‘) in Verbindung mit dem Nachnamen des Verfassers verweist auf einen bestimmten Beleg auf derselben Manuskriptseite, dem inzwischen jedoch Angaben zu anderen zitierten Werken gefolgt sind:

[83] *Geisteswissenschaft und Naturwissenschaft: Ihre Bedeutung für den Menschen von heute*, hg. Wolfgang Laskowski (Berlin: de Gruyter, 1970), S. 12–15.

[84] Gelber, „The Rights of Man and the Status of Women,“ S. 13.

[85] *Ibid.*, S. 21.

[86] Kresse, *op. cit.*, I, 100 [wenn Fußnote 81 auf derselben Seite erscheint!].

Die Wendung ‚*op. cit.*‘ bzw. ‚a. a. O.‘ bezieht sich immer nur auf ein bestimmtes Werk innerhalb der Arbeit. Werden in einer Arbeit mehrere Werke eines Verfassers zitiert, ist diese Abkürzung unklar, und man verwendet stattdessen den Kurzbeleg (d. h. Verfassername und gekürzter Titel). ‚*Loc. cit.*‘ (‚an der zitierten Stelle‘) kann nur dann anstelle von ‚*ibid.*‘ oder ‚*op. cit.*‘ gebraucht werden, wenn sich der wiederholte Quellenbeleg tatsächlich auf dieselbe Passage oder Seite bezieht wie der unmittelbar vorhergehende Beleg. Sobald sich die Seitenangaben gegenüber dem vorhergehenden Beleg ändern, dürfen nur noch ‚*ibid.*‘ oder ‚*op. cit.*‘ benutzt werden:

[87] Gelber, „The Rights of Man and the Status of Women,“ S. 20.

[88] Klaus Baer, *Rank and Title in the Old Kingdom: The Structure of the Egyptian Administration in the Fifth and Sixth Dynasties* (Chicago: Univ. of Chicago Pr., 1960), S. 23–27.

[89] Gelber, *op. cit.*, S. 13.

[90] *Ibid.*, S. 21.

[91] *Loc. cit.*

[92] *Ibid.*, S. 18.

Häufig werden die eben erläuterten Abkürzungen immer noch verwendet, um auf Belege zu verweisen, die nicht auf derselben Manuskriptseite stehen. Von diesem Verfahren ist strikt abzuraten, weil es den Leser zu zeitraubendem Suchen nach dem irgendwann vorausgegangenen ausführlichen Beleg zwingt. Ein Kurzbeleg ist kaum aufwendiger und hilft, die Quelle sofort eindeutig zu identifizieren.

5 FÜNFTER ARBEITSSCHRITT:

DAS ERSTELLEN DER BIBLIOGRAPHIE

5.1 Allgemeines zur Bibliographie

Funktion und Umfang der Bibliographie

Die Bibliographie (Literatur- oder Schrifttumsverzeichnis) stellt den zusammenfassenden und vollständigen Nachweis aller bei der Erstellung eines wissenschaftlichen Textes wörtlich bzw. dem Sinne nach verwendeten Literatur dar. Sie kann freilich auch über die tatsächlich benutzten Quellen hinausgreifen und zum Beispiel innerhalb bestimmter zeitlicher, räumlicher oder inhaltlicher Grenzen Vollständigkeit, d. h. die Nennung aller für das behandelte Thema relevanten Literatur anstreben. Allerdings sollte Umfang und Informationsziel der Bibliographie möglichst schon aus dem Titel hervorgehen, z. B. ,ausgewählte Bibliographie', ,Verzeichnis der zitierten Werke', ,Verzeichnis der seit 1945 zum Thema ,,Politischer Pluralismus" erschienenen deutschsprachigen Literatur'. Im Zweifelsfall ist die Zielsetzung einer Bibliographie in einer Anmerkung zu verdeutlichen. So muß insbesondere bei Arbeiten, die Grundlage einer akademischen Leistungsbeurteilung sind, klar erkennbar sein, ob die aufgeführten Werke dem Verfasser tatsächlich vorgelegen haben oder ob sie nur indirekt, etwa aus anderen Bibliographien, erschlossen worden sind. Ergänzt werden darf, daß schon das Auffinden und zuverlässige Zusammenstellen der für ein Spezialthema ergiebigen Literatur einen achtbaren Beitrag zur wissenschaftlichen Arbeit darstellen kann.

Eine ,annotierte' oder ,analytische' Bibliographie *(bibliographie raisonnée)*, in der die aufgeführten Werke durch zusätzliche Anmerkungen auch inhaltlich erschlossen und beurteilt werden, hat einen erhöhten Informationswert. Diese Form der Bibliographie ist allerdings in studentischen Arbeiten im allgemeinen nicht üblich.

Alphabetische Gliederung der Bibliographie

Wie bereits auf S. 147–168 ausführlich erörtert, erfolgt die erste Angabe des Fundortes einer Quelle grundsätzlich in Form einer

Fußnote (Erstbeleg) zum laufenden Text. Nach Fertigstellung des Textteils bereitet man die Erstellung der Bibliographie vor, indem man sämtliche Fußnoten durchgeht und zu jedem darin erscheinenden Erstbeleg die entsprechende Karteikarte (bzw. den Zettel) aus der Sammlung der eigenen Aufzeichnungen in der Materialablage herauszieht. Begnügt man sich mit einer einfachen alphabetischen Reihung der Titel, so braucht man nunmehr die herausgezogenen Karten oder Zettel nur noch alphabetisch zu ordnen und die erforderlichen, auf ihrer Titelleiste aufgeführten bibliographischen Informationen untereinander in die Bibliographie zu übertragen. Dabei liegt die durchgehend alphabetische Anordnung der Materialien bei kürzeren Arbeiten (z. B. Seminararbeiten) sowieso nahe; sie setzt sich aber auch bei längeren Arbeiten immer mehr durch.

Andere Formen der Gliederung der Bibliographie

Sind in eine Bibliographie Materialien aufzunehmen, deren Heterogenität eine einfache alphabetische Reihung nicht ratsam erscheinen läßt, so muß man nach den Materialien angemessenen Kriterien der Untergliederung Ausschau halten. Im philologischen Bereich bietet sich eine Grobgliederung nach Primär- und Sekundärliteratur an, bei der Behandlung von Einzelautoren nach Gesamtausgaben, Teilausgaben, Einzelschriften, Beiträgen zu anderen Werken, Übersetzungen u. ä., in anderen Bereichen auch nach systematischen Aspekten des Themas, Regionen, Epochen, Arten, Gattungen usw. Im allgemeinen können hier die wichtigen Handbücher und Monographien des eigenen Faches nützliche Anhaltspunkte geben.

Die Titelangabe in der Bibliographie: Interpunktion

Die Titelangabe in einer Bibliographie entspricht grundsätzlich der im Erstbeleg. Allerdings ergibt sich aus dem schematischen Charakter der Bibliographie gegenüber dem als Fortsetzung des laufenden Textes konzipierten Erstbeleg (die Fußnote wird wie ein – ggf. verkürzter – Satz behandelt) eine veränderte Interpunktion. Statt der Trennung der Gliederungsteile durch Komma im Erstbeleg wird in der Bibliographie stärker durch Punkt getrennt. Die Klammern für das Impressum entfallen, nur bei Zeitschriften wird das Erscheinungsjahr noch in Klammern gesetzt. Zur Erleichterung der alphabetischen Einordnung werden bei Verfassernamen die Nachnamen den Vornamen vorangestellt (siehe auch S. 171–175).

Gliederungsmodell
für eine selbständig erschienene Schrift

Gegenüber dem auf S. 150 vorgestellten Gliederungsmodell ergibt sich für eine selbständig erschienene Schrift in der Bibliographie die folgende Form:

Nachname des Verfassers, Vorname. *Titel des Werkes: Untertitel.* Name des Herausgebers und/oder Übersetzers. Titel der Reihe oder Serie, Nummer innerhalb der Reihe.[1] Gesamtzahl der Bände (bei mehr als einem Band). Auflage. Erscheinungsort: Verlag, Erscheinungsjahr. Gesamtseitenzahl.[2]

Gliederungsmodell
für eine unselbständig erschienene Schrift

Gegenüber dem auf S. 160 vorgestellten Gliederungsmodell ergibt sich für eine unselbständig erschienene Schrift in der Bibliographie die folgende Form:

Nachname des Verfassers, Vorname. ,,Titel der unselbständigen Veröffentlichung." *Titel der Zeitschrift o. ä.*, ggf. Serie oder Folge, Bandnummer (Jahrgang), Gesamtseitenzahl der unselbständigen Veröffentlichung.[3]

5.2 Die alphabetische Ordnung der Bibliographie

Allgemeines zur alphabetischen Einordnung

Die alphabetische Ordnung einer Bibliographie setzt die Kenntnis einiger wesentlicher alphabetischer Ordnungsregeln voraus. Sie gewährleisten ein einheitliches und damit auch für den Leser nachvollziehbares Verfahren, da sie den umfangreichen Ordnungsvorschriften bibliothekarischer Regelwerke (wie den *Preußischen Instruktionen*

---

[1] Die Serienangabe kann auch an das Ende des bibliographischen Eintrags gestellt werden. Sie erscheint dann in Klammern nach der Gesamtseitenzahl.

[2] Die Angabe von Gesamtseitenzahlen auch bei selbständig erschienenen Schriften erhöht den Informationswert der Bibliographie, ist aber nicht zwingend.

[3] Diese Angabe ist zur raschen Lokalisierung des Artikels, Buchteils o. ä. zwingend erforderlich.

oder den *Anglo-American Cataloguing Rules*[1] entnommen sind, die aufgrund formaler Ordnungsregeln individuelle und willkürliche Entscheidung weitgehend ausschalten sollen.

Für die Ordnung der Titel wird als Rahmen auch hier das anglo-amerikanische Verfahren empfohlen, das auf dem mechanischen Ordnungsprinzip, d. h. dem der gegebenen Wortfolge des Titels aufbaut.[2]

Im Folgenden werden einige Regeln skizziert, die bei der alphabetischen Einordnung von Titeln in eine Bibliographie beachtet werden sollten.

Umlaute

Die Umlaute ‚ä', ‚ö', ‚ü' werden bei der alphabetischen Einordnung aufgelöst und wie ‚ae', ‚oe', ‚ue' behandelt.

Zusammengesetzte Familiennamen

Zusammengesetzte Familiennamen (mit zum Namen gehörigen Zusatzwörtern wie Präpositionen, Artikeln, ständigen Attributen) werden nach demjenigen Element des Namens eingeordnet, das in maßgeblichen Verzeichnissen der entsprechenden Sprache die Einordnung bestimmt.

Im Englischen wird das Vorsatzwort vor dem eigentlichen Namen belassen:

> De La Mare, Walter
> D'Israeli, Isaac
> O'Connell, Daniel
> Van Doren, Marc

Im Französischen, Italienischen, Spanischen und Portugiesischen wird, wenn das Vorsatzwort aus einem Artikel oder einer Kontraktion von Artikel und Präposition besteht, unter diesem eingeordnet:

---

[1] *Anglo-American Cataloguing Rules*, prep. by the American Library Association (Chicago: ALA, 1967), 400 S.

[2] Das Verfahren der Titeleinordnung nach den *Preußischen Instruktionen*, das für Benutzer deutscher Bibliotheken noch immer wichtig ist, bleibt hier aus Gründen der Übersichtlichkeit unberücksichtigt. Es arbeitet nach einem grammatisch-formalen Prinzip, wobei das *substantivum regens* des Titels zum ersten Ordnungswort des Sachtitels erhoben wird. Siehe hierzu die Bemerkungen im Vorwort, S. 6–7.

Del Valle Inclán, Ramón María
Della Casa, Giovanni
Du Bos, Charles
Le Rouge, Gustave

Besteht es nur aus einer Präposition oder aus einer Präposition,
auf die ein Artikel folgt, wird unter dem Teil des Namens eingeordnet,
der auf die Präposition folgt:

La Fontaine, Jean de
Aubigné, Théodore Agrippa d'
Musset, Alfred de

Im Deutschen wird, wenn das Präfix eine Präposition ist oder eine
Präposition, der ein Artikel folgt, das Ordnungswort der Name:

Goethe, Johann Wolfgang von
Mühl, Peter von der

Sind Präposition und Artikel verschmolzen, so werden sie zum
Namen gezogen:

Aus'm Weerth, Ernst
Vom Ende, Erich
Zum Busch, Josef Paul

Bei anderen Vorsatzwörtern als Artikel, Präposition oder einer Kombination aus beiden, erfolgt die bibliographische Eintragung unter
dem Präfix:

FitzGerald, David
McCulloch, John
Mac Intyre, Thomas
St. Clair, Arthur

Mehrteilige Namen

Bei durch Bindestrich verbundenen Doppelnamen wird unter dem
ersten Bestandteil eingetragen:

Day-Lewis, Cecil
Heine-Geldern, Robert

Schwierigkeiten bereitet das Einordnen mehrteiliger Namen, bei
denen nicht ersichtlich ist, ob der mittlere davon Teil eines nicht
durch Bindestrich verbundenen Doppelnamens, Familienname der
Mutter, zweiter Vorname o. ä. ist. Hier helfen einschlägige bio-biblio-

graphische Nachschlagewerke, vorzugsweise in der Sprache des Verfassers. Autoren des anglo-amerikanischen Sprachraums werden stets unter dem letzten Glied des Namens eingeordnet:

> Dulles, John Foster
> Eliot, Thomas Stearns
> Gilbert, Sir William Schwenk

Antike und mittelalterliche Namen

Bei lateinischen und griechischen Namen ebenso wie bei mittelalterlichen Übergangsnamen, die schon einen Familiennamen enthalten, wird der bekanntere Teil (im Nominativ) Ordnungswort:

> Cicero, Marcus Tullius
> Lucretius Carus, Titus
> Michelangelo, Buonarotti

Bei mittelalterlichen Namen sowie in Zweifelsfällen wird der erste Bestandteil (persönlicher Taufname) Ordnungswort:

> Heinrich der Vogler
> Jean de Meung
> Martianus Capella
> Walther von der Vogelweide

Verfassername Teil des Sachtitels

In den Sachtitel einbezogene Namen werden herausgelöst und (in ihrer historisch korrekten Form) vorangestellt:

> Goethe, Johann Wolfgang von. *Goethes Werke in Auswahl*. Hg. u. eingel. von Paul Wiegler. 6 Bde. Berlin: Aufbau-Verlag, 1949.

Mehrere Werke desselben Verfassers

Bei der Aufzählung mehrerer Werke desselben Verfassers braucht der Name nicht ständig wiederholt zu werden; man setzt eine unterbrochene Linie (Trennungsstriche) oder ‚ders.' (‚derselbe'). Beispiele siehe auf S. 176–178.

Pseudonyme

Ist das Pseudonym bekannter als der tatsächliche Name des Verfassers, werden seine Werke unter das Pseudonym gestellt. In diesem Fall wird der erschlossene Name in eckigen Klammern nachgestellt.

Pseudonyme werden dabei wie tatsächliche Namen behandelt, d. h. der zweite Bestandteil des Namens wird vorangestellt, z. B. ‚Twain, Mark'. Ist der tatsächliche Name jedoch der bekanntere, so ordnet man unter ihm ein und verweist vom weniger bekannten. Werke der Autorin Charlotte Brontë wären unter ‚Brontë, Charlotte' einzuordnen; von ihrem Pseudonym ‚Currer Bell' würde auf diese Eintragung verwiesen (siehe auch S.152).

Anonyme Veröffentlichungen

Ist bei einem anonym veröffentlichten Werk der Verfasser aus anderen Quellen zu ermitteln, so wird das Werk unter seinen (in eckigen Klammern vorangesetzten) Namen gestellt; dies macht deutlich, daß der Verfassername nicht dem Titelblatt entnommen wurde. Ist die Verfasserschaft nicht eindeutig zu bestimmen, kann man darauf durch beigefügtes Fragezeichen hinweisen. Ist der Name des Verfassers nicht zu ermitteln, so erfolgt der bibliographische Eintrag unter dem Titel. Anonyme Publikationen können in der Bibliographie auch in einer Sondergruppe vorangestellt werden; dann tritt ‚[Anon.]' an die Stelle des Verfassernamens.

Alphabetische Einordnung von Sachtiteln

Dem Prinzip der gegebenen Wortfolge entsprechend ist immer das erste Wort des Titels das Ordnungswort, wobei bestimmte und unbestimmte Artikel unberücksichtigt bleiben.

175

Beispiel für eine Bibliographie

BIBLIOGRAPHIE[1]

[Anon.]. "A Contemporaneous Valuation of Jonathan Edwards."
J. Presbyterian Historical Society, 2 (Dec. 1903),
125 - 135. [Vgl. hierzu S. 175].

American Academy of Political and Social Science and Lee
Greene, eds. City Bosses and Political Machines.
1964; repr. Plainview, N.Y.: Books for Librarians,
1975. 327 S.

Angell, Norman [et al.]. Economic Principles and Problems.
Ed. W.E. Spahr. 2 vols. 4th ed. New York: Farrar &
Rinehart, 1941. 201 S.

Bünsch, Iris. "Die zentralen Zeichen in den verschiedenen
Fassungen von Tennessee Williams' Drama Orpheus
Descending." Diss. Kiel, 1974.

Cicero, Marcus Tullius. M[arci] Tullii Ciceronis De Divina-
tione. Libri duo. Hg. Arthur S. Pease. 1920 u. 1923;
Nachdr. Darmstadt: Wissenschaftl. Buchges., 1963.

Clemens, Samuel Langhorne. Siehe Twain, Mark [Pseud.].

Colby, Charles C. "The Role of Shipping in the World Order."
The Foundations of a More Stable World Order. Ed. Wal-
ter H.C. Laves. Harris Foundation Lectures, 1940.
Chicago: Chicago Univ.Pr., 1941, S. 87-89.

"Emphatic." Oxford English Dictionary. London: Oxford Univ.
Pr., 1961.

Flößner, Wolfram [u.a.]. Praxis: Oberstufe. Organisation
und Didaktik der neugestalteten gymnasialen Oberstufe. Braunschweig: Westermann, 1975. 70 S.

Freisitzer, Kurt. Soziologische Elemente in der Raumordnung:
Zum Anwendungsbereich der empirischen Sozialforschung
in Raumordnung, Raumforschung und Raumplanung. Grazer
rechts- und staatswiss. Studien, 14. Graz: Leykam,
1965. 235 S.
oder:
...Raumplanung. Graz: Leykam, 1965. 235 S. (Grazer
rechts- und staatswiss. Studien, 14.)

---

[1] Dieses Verzeichnis zeigt die Einarbeitung einiger der unter 4 vorgestellten Titel in eine Bibliographie. Zur Verdeutlichung der Regeln für
die alphabetische Einordnung wurden sie durch weitere Beispiele ergänzt. Die Angabe der Gesamtseitenzahl bei den selbständig erschienenen Werken, die in diesem Modell praktiziert wird, ist optativ.

Haferland, Friedrich, Walter Heindl und Heinz Fuchs.
Ein Verfahren zur Ermittlung des wärmetechnischen Verhaltens ganzer Gebäude unter periodisch wechselnder
Wärmeeinwirkung: Rechnerische Untersuchungen zur Ermittlung der Größenordnung bestimmter Einflüsse von
Bauweise und Konstruktion sowie sonstiger Parameter
auf die Temperaturstabilität in Räumen. Berichte aus
der Bauforschung, 99. Berlin: Wilhelm Ernst, 1975.
113 S.

Handbook of Sensory Physiology. Ed. H. Autrum [et al.].
Vol. 7, Pt. 2: Physiology of Photoreceptor Organs.
Ed. M.G. Fuortes. New York: Springer-Verl., 1972.

Heyden, Daniel von der und Werner Körner. Bilanzsteuerrecht
in der Praxis: Systematische Darstellung der steuer-
lichen Gewinnermittlung. 4. Aufl. Herne: Verl. Neue
Wirtschaftsbriefe, 1973. 453 S.

Howells, William Dean. Siehe Twain, Mark [Pseud.].

Hunter, Charles K. Der Interpersonalitätsbeweis in Fichtes
früher angewandter praktischer Philosophie. Monographien zur philosophischen Forschung, Bd. 106. Diss.
München, 1971. Meisenheim: Hain, 1973. 217 S.

Jungblut, Michael. "Die Gefahren auf dem Weg nach oben."
Die Zeit, Nr. 15, 2. April 1976, S. 17.

Murray, D[avid] Stark. Blueprint for Health. New York:
Schocken Books, 1974. 99 S.

President's Commission on Law Enforcement and Administration of Justice. Task Force Report: The Police. 1967;
repr. New York: Arno Pr., 1971. 524 S.

La Société canadienne-française: Etudes. Choisies et
présentées par Marcel Rioux et Yves Martin. Montréal:
Hurtubise, 1971. 420 S.

Twain, Mark [d.i. Samuel Langhorne Clemens]. The Complete
Travel Books. Ed. Charles Neider. Vols. 1- . Garden
City, N.Y.: Doubleday, 1966- . (Der Bindestrich
mit folgender Leertaste zeigt an, daß das Werk noch
nicht vollständig erschienen ist.)

-----. Mark Twain - Howells Letters. The Correspondence
of Samuel Langhorne Clemens and William Dean Howells,
1872-1910. Ed. Henry Nash Smith and William Merriam
Gibson. 2 vols. Cambridge, Mass.: Belknap, 1960.

-----. A True Story and The Recent Carnival of Crime.
Boston: Osgood, 1877.

Van Doren, Mark. The Autobiography of Mark van Doren.
1958; repr. New York: Greenwood Pr., 1968. 371 S.

Walther von der Vogelweide. Werke. Text und Prosaüber-
    setzung (synoptisch), Erläuterungen der Gedichte,
    Erklärung der wichtigsten Begriffe. Hg. Joerg Schaefer.
    Darmstadt: Wissenschaftl. Buchges., 1972. 594 S.

Wellenreuther, Hermann. "Urbanization in the Colonial
    South: A Critique." The William and Mary Quarterly,
    3rd ser., 31 (1974), 665-671.

Wellmann, David and Buddy Stein. The Sheer Campaign.
    O.O., o.J. 70 S.

Zablockij-Desjatovskij, Andrej Parfenovič. Graf P.D.
    Kiselev i ego vremja: Materialy dlja istorii
    Imperatorov Aleksandra I, Nikolaja I i Aleksandra II.
    4 Bde. S.-Peterburg: Stasjulevič, 1882.

6 SECHSTER ARBEITSSCHRITT:

VORBEREITUNG ZUR VERÖFFENTLICHUNG, KORREKTURLESEN, ERSTELLEN DES REGISTERS

6.1 Vorbereitung zur Veröffentlichung

Urheberrecht an zitierten Quellen

Ehe man ein wissenschaftliches Manuskript „vervielfältigt und verbreitet", ist zu prüfen, ob die Wiedergabe urheberrechtlich geschützter Quellen darin nach Art und Umfang den recht strengen Anforderungen des Urheberrechtsgesetzes entspricht. Unter der Überschrift „Zitate" führt § 51 des Urheberrechtsgesetzes vom 9. Sept. 1965 hierzu Folgendes aus:

> Zulässig ist die Vervielfältigung, Verbreitung und öffentliche Wiedergabe, wenn in einem durch den Zweck gebotenen Umfang
>
> 1. einzelne Werke nach dem Erscheinen in ein selbständiges wissenschaftliches Werk zur Erläuterung des Inhalts aufgenommen werden,
> 2. Stellen eines Werkes nach der Veröffentlichung in einem selbständigen Sprachwerk angeführt werden,
> 3. einzelne Stellen eines erschienenen Werkes der Musik in einem selbständigen Werk der Musik angeführt werden.[1]

Fromm und Nordemann erläutern in ihrem Kommentar zu dieser schwierigen Materie auch den Begriff des „durch den Zweck gebotenen Umfangs". Danach ist ein solches Zitat nur zulässig, wenn es im Verhältnis zum Ganzen eine völlig untergeordnete Rolle spielt. Entscheidend nicht nur für den Umfang, sondern auch für die Zulässigkeit des Zitats überhaupt ist jedoch sein Zweck. Er rechtfertigt sich nur dann, wenn das Zitat „als Beleg für die vertretene

---

[1] Abgedruckt in Friedrich Karl Fromm, Wilhelm Nordemann u. a., *Urheberrecht: Kommentar zum Urheberrechtsgesetz und zum Wahrnehmungsgesetz mit den internationalen Abkommen und den Urheberrechtsgesetzen der DDR, Österreichs und der Schweiz*, 3., vollständig überarb. Aufl. (Stuttgart: Kohlhammer, 1973), S. 25.

Auffassung, also als Beispiel, zur Verdeutlichung der übereinstimmenden Meinungen, zum besseren Verständnis der eigenen Ausführungen oder sonst zur Begründung oder Vertiefung des Dargelegten dient ..."[1] Der Belegcharakter des Zitats schließt aus, daß das zitierte Werk den Lesern um seiner selbst willen zur Kenntnis gebracht wird. Faßt man beispielsweise in einem Text verschiedene Gedichte zusammen und verbindet sie nur durch kurze Erläuterungen, so ist „der durch den Zweck gebotene Umfang" mit Sicherheit überschritten. Anthologien dieser Art sind lediglich für Schul- und Unterrichtszwecke unter gewissen Bedingungen gestattet. Im übrigen würde das eben skizzierte Beispiel offensichtlich nicht dem juristischen Kriterium gerecht, demgemäß „das zitierende Werk auch dann noch als eigenständige Schöpfung bestehen bleiben muß, wenn das Zitat hinweggedacht wird ..."[2]

Bestehen begründete Zweifel daran, ob man bei einer Quellenwiedergabe nicht den „durch den Zweck gebotenen Umfang" überschritten hat bzw. ob aus dem Zitat vom Urheber oder Inhaber des Nutzungsrechts am zitierten Werk ein Anspruch auf Vergütung hergeleitet werden kann, so ist es auf jeden Fall ratsam, von den eben genannten eine schriftliche Ermächtigung zur Vervielfältigung einzuholen. Liegt der rein wissenschaftliche Belegzweck des Zitats auf der Hand, so wird eine solche Ermächtigung im allgemeinen bereitwillig erteilt werden. In diesem Fall ist es guter Brauch, die Genehmigung zum Abdruck in einer Anmerkung bzw. im Vorwort zur eigenen Arbeit dankend zu erwähnen.

Urheberschutzvermerk

Zur Schaffung klarer Rechtsverhältnisse bezüglich der Verwendung von technischen Unterlagen (Zeichnungen, Darstellungen, Mikrofilmen, Folien usw.) formuliert DIN 34 in der Entwurfsfassung vom März 1974 einen Urheberschutzvermerk:

> Für diese technische Unterlage behalten wir uns alle Rechte vor, auch für den Fall der Patenterteilung oder Gebrauchsmustereintragung. Ohne unsere vorherige Zustimmung darf diese technische Unterlage weder vervielfältigt noch Dritten zugänglich gemacht werden, und sie darf durch den Empfänger oder Dritte auch nicht in anderer Weise mißbräuchlich verwertet werden. Zuwiderhandlungen verpflichten zu Schadenersatz und können strafrechtliche Folgen haben.

---

[1] Fromm, Nordemann, *Urheberrecht*, S. 254.

[2] *Loc. cit.*

Die Kurzfassung des Vermerks, der allerdings nur in Verbindung mit dem Namen des Urhebers (Einzelperson, Firma) wirksam ist, lautet: „Für diese technische Unterlage behalten wir uns alle Rechte vor". Greift man für eine wissenschaftliche Arbeit auf derartige Unterlagen – etwa aus einem Betrieb, in dem man tätig ist oder ein Praktikum absolviert hat – zurück, so ist in jedem Fall zunächst die Zustimmung zur Vervielfältigung einzuholen.

Verpflichtung zur Quellenangabe

Selbst wenn in einem wissenschaftlichen Manuskript eine Quelle im Sinne des Urheberrechtsgesetzes lediglich in dem durch den Zweck gebotenen Umfang wiedergegeben wird, besteht nach dem Gesetz die bindende Verpflichtung, den Urheber und – bei veröffentlichten Quellen – den Verlag zu nennen. Darüber hinaus muß jeder eigene Eingriff (Kürzung, Änderung) in den Wortlaut der Quelle kenntlich gemacht werden. Die Verpflichtung zur Quellenangabe entfällt nur, „wenn die Quelle weder auf dem benutzten Werkstück oder bei der benutzten Werkwiedergabe genannt noch dem zur Vervielfältigung Befugten anderweit bekannt ist".[1] Abschnitt 2 schränkt das in Abschnitt 1 des § 63, Urheberrechtsgesetz, Gesagte allerdings auf folgende Weise ein:

Soweit nach den Bestimmungen dieses Abschnitts die öffentliche Wiedergabe eines Werkes zulässig ist, ist die Quelle deutlich anzugeben, wenn und soweit die Verkehrssitte es erfordert.[2]

In wissenschaftlichen Arbeiten erfordert – wie schon auf S. 38–39 ausgeführt – die ‚Verkehrssitte' grundsätzlich das eindeutige Belegen aller verwendeten Quellen. Sie fordert diese Angaben sogar, wenn das Manuskript überhaupt nicht zur Veröffentlichung vorgesehen ist. Sie fordert es ebenfalls, wenn die Quellenwiedergabe nicht wörtlich, sondern nur dem Sinne nach erfolgt.

Wahl des Druckverfahrens[3]

Die Vervielfältigung durch Photokopie oder über Matrizen ist für wissenschaftliche Veröffentlichungen von untergeordneter Bedeu-

---

[1] *Loc. cit.*

[2] Fromm, Nordemann, *Urheberrecht*, S. 29.

[3] Die nachfolgenden Hinweise sollen nur der Groborientierung dienen. Ausführlicheren Einblick in die technischen Möglichkeiten und Grenzen der verschiedenen Vervielfältigungs- und Druckverfahren vermittelt Ewald Standop, *Die Form der wissenschaftlichen Arbeit*, S. 110–124.

tung. Photokopien stellen sich, selbst wenn man sie auf das handlichere DIN A 5 reduziert und damit die Kosten halbiert, zu teuer. Die Brauchbarkeit von Matrizen geht angesichts des sperrigen DIN A 4-Formats über das Vervielfältigen von Texten für den seminarinternen Gebrauch (beispielsweise Abziehen von Texten für Seminare mit mehr als zehn Teilnehmern) nicht nennenswert hinaus.

Ein vergleichsweise kostengünstiger Weg der Vervielfältigung wissenschaftlicher Manuskripte, der sich besonders für den Selbstdruck von Dissertationen bewährt hat, wegen der Kostenexplosion im Druckereigewerbe aber auch zunehmend für andere Veröffentlichungen genutzt wird, ist das photomechanische Reproduktionsverfahren. Es erlaubt, Manuskripte einschließlich Zeichnungen, komplizierten handschriftlichen Formelableitungen, Diagrammen usw. unmittelbar zu kopieren und von ihnen (in der Regel auf DIN A 5 verkleinerte) Abdrucke herzustellen. Der Photodruck setzt allerdings ein mit besonderer Sorgfalt hergestelltes Manuskript voraus. Von Vorteil ist die Benutzung einer elektrischen Schreibmaschine mit druckähnlichem Typenbild. Das Papier sollte zur optimalen photographischen Wiedergabe reinweiß sein. Vorsichtige Verbesserungen am Manuskript werden im Druckbild in der Regel nicht sichtbar, wenn man mit weißer Abdeckfarbe arbeitet bzw. beim Radieren keine Schmutzränder hinterläßt. Die meisten Dissertationsdruckstellen und mit Photodruck arbeitenden Verlage geben für die Erstellung der Druckvorlage Merkblätter heraus, von denen man auf jeden Fall vor der Anfertigung der Reinschrift Kenntnis nehmen sollte, um zeitraubende Umarbeitungen oder gar eine neue Reinschrift zu vermeiden.

Ein Schönheitsfehler des Photodrucks bleibt die durch unterschiedliche Zeilenlänge bedingte optische Unruhe des rechten Randes. Zwar läßt sich mit modernen Schreibmaschinen bereits ein gewisser Randausgleich leisten, er verteuert aber die Schreibkosten. Ähnliches gilt für das schreibmaschinenähnliche Setzen mit dem Composer. Hier kann erst in einem – naturgemäß kostensteigernden – zweiten Schreibdurchgang eine einwandfreie Randbegradigung erzielt werden. Im übrigen bieten sich vor allem die verschiedenen Formen des Bleisatzes an. Sie ergeben zwar im allgemeinen noch das ansprechendste Gesamtschriftbild, sind aber, da die einzelnen Zeilen oder sogar Buchstaben gesondert gesetzt werden müssen, besonders lohnkostenintensiv.

Auflagen für den Druck

Eröffnet sich die Möglichkeit der Veröffentlichung eines wissenschaftlichen Manuskripts (bzw. besteht wie bei Dissertationen der Zwang dazu), so läßt sich oft allein dadurch erheblich an Zeit und Kosten sparen, daß man sich mit dem potentiellen Partner für die Drucklegung (Herausgeber einer wissenschaftlichen Zeitschrift oder Reihe, Verlag, Dissertationsdruckstelle) rechtzeitig hinsichtlich der äußeren Gestaltung der Druckvorlage abstimmt.

Bei der Veröffentlichung von Dissertationen sind auch die Vorschriften der jeweiligen Fakultät, z. B. hinsichtlich der Gestaltung des Titelblattes, zu beachten. Erscheint die Arbeit nicht als Dissertationsdruck, sondern regulär im Buchhandel, so entfallen für den Druck in der Regel alle Vorschriften über die Gestaltung des Titelblattes. Jedoch müssen selbständig erschienene Arbeiten zusätzlich zum Impressum ein ‚D‘ (‚Dissertation‘) sowie die Kennummer der betreffenden Universitätsbibliothek erhalten. Erscheint die Arbeit in einer wissenschaftlichen Zeitschrift, so muß Ort, Jahr und Art der Dissertation in einer Fußnote vermerkt werden. Hat man die Fassung gegenüber dem der Fakultät ursprünglich vorgelegten Text gekürzt, so ist dies ebenfalls durch Anmerkung kenntlich zu machen.

Druckbeihilfen

Möchte man für die Veröffentlichung eines wissenschaftlichen Manuskripts Fremdförderungsmittel in Anspruch nehmen, so rät eine frühzeitige Information über die Konditionen möglicher Förderungen sich besonders an. Die Deutsche Forschungsgemeinschaft zum Beispiel macht die Vergabe von Druckbeihilfen (etwa für Habilitationsschriften oder hervorragende Dissertationen) von recht einschneidenden Auflagen abhängig. Zu ihnen gehört die Forderung nach rigoroser Beschränkung in Umfang und Ausstattungsaufwand. In der Regel soll ein Umfang bis zu 15 Druckbogen (240 Druckseiten) nicht überschritten werden. Überschreitungen (bis zu maximal 20 Druckbogen, entsprechend 320 Druckseiten) werden in jedem Fall nach strengen Maßstäben auf ihre sachliche Notwendigkeit hin überprüft. Ist diese nicht eindeutig ersichtlich, so hat der Verfasser die durch die Überlänge des Manuskripts entstehenden Mehrkosten bei der Drucklegung selbst zu tragen.[1] Begrenzungen dieser Art,

---

[1] Diese Hinweise sind in einem Rundschreiben des Präsidenten der Deutschen Forschungsgemeinschaft an die Universitäten vom 9. Juli 1976 enthalten.

das darf hinzugefügt werden, sind angesichts der Inflation wissenschaftlicher Veröffentlichungen nur zu begrüßen. Sie sind es umso mehr, wenn die durch Vermeidung eines unnötig aufgeblähten Umfangs eingesparte Energie gründlicher Überarbeitung und wissenschaftlicher Qualitätssteigerung des Textes zugute kommt. Weitere Auflagen der Forschungsgemeinschaft betreffen das Vervielfältigungsverfahren (ggf. Zwang zur kostengünstigeren photomechanischen Reproduktion bei zu niedriger, Entfall der Beihilfe bei zu hoher Zahl der Druckexemplare), den Nachweis der kostengünstigsten Herstellung, die Vereinbarung eines deutschen Gerichtsstandes für den Verlagsvertrag u. a. m.[1]

Verlagsvertrag

Ist ein Manuskript grundsätzlich von einem Verlag zur Veröffentlichung angenommen bzw. seine Abfassung vereinbart, so sollte die Absprache möglichst frühzeitig in einem Verlagsvertrag schriftlich niedergelegt werden. Je umsichtiger dieser Vertrag von beiden Partnern formuliert ist, desto weniger Unstimmigkeiten kann es später über Termine, Kostenübernahmen, Korrekturnachträge usw. geben. Im folgenden können nur einige der Bereiche angedeutet werden, in denen sich – insbesondere bei einem noch nicht fertiggestellten Manuskript – genauere vertragliche Festlegung empfehlen könnte: Seitenumfang des Manuskripts (eventuell mit Rahmenangabe, etwa „160 bis 180 Seiten"), Art und Umfang der abzuhandelnden Themen, Abgabetermin des Manuskripts und Termin der Veröffentlichung, Honorar, Übernahme von Zusatzkosten, etwa für Schreibarbeiten am Manuskript, für notwendige Reisen oder Materialbeschaffung, zulässiger Umfang etwaiger Nachträge und Änderungen nach erfolgtem Satz usw. Stellt die typographische Gestaltung, die Ausstattung mit Bildmaterial u. ä. einen wesentlichen Teil der Absprache dar, so sollte auch hier das Vereinbarte schriftlich festgehalten und eventuell durch Anhang einiger vom Verlag vorzulegender Probeseiten an den Vertrag abgesichert werden.

---

[1] Diese Hinweise, die sich auf den Stand von 1975 beziehen, sind unvollständig. Interessenten sollten in jedem Fall das ausführliche „Merkblatt für Anträge auf Druckbeihilfen" zu Rate ziehen, das beim Verlagsreferat der Deutschen Forschungsgemeinschaft, Kennedyallee 40, 5300 Bonn-Bad Godesberg angefordert werden kann.

Druckvorlage und Vorbereitung zum Satz

Zum Satz ist dem Verlag ein inhaltlich und formal einwandfreies Manuskript einzureichen. Für seine äußere Gestaltung gilt, soweit nicht eigene Vorschriften des Verlags entgegenstehen, das auf S. 109–146 Gesagte. Soll das Manuskript direkt als Druckvorlage dienen (Photodruck), so darf es nur lose geklammert oder bei größerem Umfang in einem Klemmrücken untergebracht werden. Wird das Manuskript gesetzt, so können die einzelnen Seiten auch gelocht und in einem Aktenordner abgelegt werden, der das Ms. sicher hält und doch bequem Entnahmen und Ergänzungen ermöglicht. Materialien, die unmittelbar als Druckvorlage dienen und darum nicht gelocht werden dürfen (Zeichnungen, Diagramme, Lichtbilder und Negative), lassen sich in transparenten Plastiktaschen mit vorgelochter Randleiste leicht am gewünschten Ort einarbeiten.

Zur Herstellung einer Druckvorlage für den Satz ist die Benutzung vorgedruckter DIN-A 4-Blätter zu erwägen. Sie sind mit seitlicher Schreibbreitenbegrenzung und aufgedrucktem Zeilenzähler ausgestattet und weisen eine Kopfleiste für die Eintragung von Auftrag, Verfasser, Titel und typographischen Angaben auf. Damit wird dem Verlag die typographische Auszeichnung, Umfangsberechnung und Herstellung erleichtert. Im übrigen vermindert sich die Gefahr der Vertauschung einzelner Seiten mit denen einer anderen Druckvorlage. Benutzt man jedoch normales Schreibmaschinenpapier, so sollte man zumindest jede Seite am oberen Rand mit einem Stichwort (Nachname des Verfassers, gekürzter Sachtitel) kennzeichnen. Am Kopf der ersten Seite der Druckvorlage ist auf jeden Fall Name, Anschrift, gegebenenfalls auch Urlaubsanschrift des Verfassers anzugeben. Zusätzliche Angaben über seine Berufsstellung oder Tätigkeit können die Identifikation des Manuskripts auf seinem Weg zum Satz erleichtern. Weitere Hinweise finden sich u. a. im Normblatt DIN 1422, „Technisch-wissenschaftliche Veröffentlichungen: Richtlinien für die Gestaltung".

Zu überprüfen ist vor Einreichen des Manuskripts an den Verlag neben dem Sachlichen und Stilistischen auch Rechtschreibung und Zeichensetzung. Maßgeblich für die beiden letztgenannten Punkte ist der *Duden*, ergänzt durch die diesbezüglichen Bände der Sonderreihe Duden-Taschenbücher. Eine häufige Fehlerquelle ist die Zählung von Seiten, Fußnoten, Bildmaterialien, Anhängen u. ä. Handschriftliche Nachträge und Korrekturen sind auf ihre einwandfreie Lesbarkeit zu prüfen. Anmerkungen für den Setzer, z. B. bezüglich besonderer Schreibweisen, werden in doppelte Klammern gesetzt.

DIN 1422 empfiehlt sogar, wichtige und schwierige Wörter, Zahlen, Formeln usw. jeweils in doppelten Klammern zu wiederholen, um Mißverständnisse auszuschließen bzw. dem Setzer zu zeigen, daß sich der Verfasser nicht verschrieben hat. Angaben, die im Manuskript in doppelten Klammern erscheinen, werden nicht gesetzt.

Ein mangelhaft geschriebenes, mit unklaren Anmerkungen für den Setzer versehenes Manuskript verursacht bei der Drucklegung zwangsläufig einen erheblich größeren Aufwand an Arbeitszeit und Kosten. Die Verlage sichern sich zu Recht gegen vermeidbare Belastungen dieser Art, indem sie die Mehrkosten für Korrekturen, die durch Nachlässigkeit des Verfassers nach erfolgtem Satz nötig werden und eine bestimmte Toleranzgrenze im Rahmen der Gesamtherstellungskosten überschreiten, auf ihn selbst abwälzen. Hiervon unberührt bleiben in der Regel Änderungen, die nachweislich der Anpassung an einen seit Einreichen des Manuskripts veränderten Forschungsstand, z. B. infolge neuer Veröffentlichungen zum behandelten Thema, dienen.

Das Manuskript wird nach gründlicher Durchsicht je nach Vereinbarung an den Herausgeber oder direkt an die Schriftleitung des Verlages bzw. eine von dieser dafür angegebene Stelle geleitet; mit dieser Stelle ist auch der gesamte weitere Schriftwechsel zu führen. Zur Sicherheit behält man stets zumindest einen Durchschlag seines eingereichten Textes zurück, der alle handschriftlichen Eintragungen sowie Duplikate aller ergänzenden Materialien des Originals enthält.

Liegt das äußere Erscheinungsbild der Veröffentlichung nicht – wie bei Zeitschriften, wissenschaftlichen Reihen u. ä. – bereits fest, so bereitet der Hersteller nach Eingang der endgültigen Fassung des Manuskripts in Abstimmung mit dem Verlagslektor und ggf. dem Verfasser eine Satzanweisung vor. Sie legt als Rahmenanweisung Satzbreite, Einzug der Anfangszeilen, Schriftarten und Schriftgrößen von Grundschrift und Auszeichnungsschrift, Einzug längerer Zitate, Sonderzeichen, Gruppierung (d. h. Gliederung von Titeln), Behandlung von Tabellen, Bildmaterialien u. ä. fest. Erläuterungen zum typographischen Maßsystem, Schriften, Alphabeten, Transkriptionen und Transliterationen, diakritischen Zeichen usw. bieten die vom Bibliographischen Institut Mannheim herausgegebenen *Satzanweisungen und Korrekturvorschriften*. Sie zeigen auch ein Muster einer Satzanweisung.[1]

---

[1] 3. Aufl., Duden-Taschenbücher, Bd. 5 (Mannheim; Bibliogr. Inst., 1973), S. 26–27.

Nützliche Anregungen zur typographischen Gestaltung finden sich des weiteren in Ewald Standop, *Die Form des wissenschaftlichen Manuskripts*.[1] Er schlägt – über die international zunehmend verwendete Auszeichnung von Kursivdruck durch Unterstreichung (,Duden') und von Sperrung durch Spreizen (,D u d e n') hinaus – die maschinenschriftliche Unterscheidung von vier weiteren Schrifttypen vor. Es handelt sich um einfache Unterstreichung mit Großschreibung (,Duden') für Versalien, Unterstreichung in unterbrochener Linie (,DUDEN') für Kapitälchen, Unterstreichung mit Doppellinie (,Duden') für halbfett, Wechsel von doppelter und einfacher Unterstreichung (,Duden') für Grotesk gewöhnlich.[2] Im Interesse einer Vereinheitlichung wird dieser Vorschlag hier – vorbehaltlich des Erscheinens entsprechender, auch für maschinenschriftliche Manuskripte brauchbarer DIN-Vorschriften – unterstützt.

Der formale Aufbau der Titelblätter von Druckschriften ist in DIN 1429 festgelegt. Die Normen betreffen sowohl die Anordnung der notwendigen Angaben wie ihren Inhalt. Einbezogen sind Angaben über Serien- und Reihentitel, Ober- und Untertitel, Verfasser, Auflage, Beigabenvermerk, Verlagsangaben mit Erscheinungsjahr, Impressum ebenso wie die Gestaltung von Titelseiten bei mehrbändigen Druckschriften und von Titeln auf Einband und Buchrücken.

Wesentliche Hinweise für eine typographisch augenfällige, mathematische Zusammenhänge verdeutlichende Behandlung von „Buchstaben, Ziffern und Zeichen im Formelsatz" faßt DIN 1338 zusammen. Ihre Kenntnis ist auch für die korrekte Darstellung mathematischer Formeln im Manuskript unerläßlich. DIN 1338 behandelt u. a. senkrechte und kursive Schrift für Kurzzeichen, Ausschluß innerhalb von Zahlen und Einheitenpaaren, Multiplikationszeichen, Setzen von Klammern, Formeln mit schrägem Bruchstrich sowie mit Summen und Differenzen, Brechen von Formeln, Verbindung von Kurzzeichen mit Wörtern, Integralzeichen, Indizes, Bildbeschriftungen. In den „Erläuterungen" finden sich wichtige Hinweise auf die Verwendung bestimmter Schriftlagen oder Schriftdicken zur Kennzeichnung besonderer Eigenschaften von Formelgrößen sowie Warnungen vor besonders häufigen Verwechslungen im Schriftbild, etwa a, α (alpha) und d, C und c, 1 (arabisch Eins) und l (Buchstabe). Sind die Einzelheiten der drucktechnischen Gestaltung in der Satzanweisung festgelegt, so kann das Manuskript durchgängig entsprechend ausgezeichnet und für die Drucklegung vorbereitet werden.

---

[1] S. 124–139.

[2] *Ibid.*, S. 131.

6.2 Korrekturlesen und Registermachen

Die verschiedenen Korrekturgänge

Nach der Satzherstellung erfolgt in der Druckerei selbst die Hauskorrektur, die die gröbsten Druckfehler im Text beseitigt. Von diesen in der Druckerei korrigierten satzfertigen Texten auf langen Korrekturbogen (‚Fahnen'), auf denen der gesetzte Text fortlaufend, also noch ohne Seiteneinteilung gedruckt ist, erhält der Verfasser zwei Exemplare sowie das Manuskript zur Autorenkorrektur – zu der er wegen der erhöhten Schwierigkeit wissenschaftlicher Texte meist auch vertraglich verpflichtet wird. Nach gründlicher Korrektur (siehe S. 189) gibt er eine der Fahnen und die Vorlage an den Verlag zurück, einen korrigierten Fahnenabzug behält er zum Vergleich mit den nächsten Abzügen.

Nach Ausführung der Korrekturen durch die Druckerei erhält der Verfasser entweder einen zweiten Fahnenabzug zur Revision oder schon die Umbruchbogen, d. h. die bereits zugeschnittenen und paginierten Seiten, ggf. mit einmontierten Abbildungen. Nach Durchsicht dieses Umbruchs, bei der nun besonders auf die Ausführung der in der Fahnenkorrektur vermerkten Änderungen zu achten, die Fußnotennumerierung der jeweiligen Seite zu überprüfen und jede Verweisung auf andere Textstellen durch Einsetzen der Seitenzahlen zu ergänzen ist, erteilt er die Druckgenehmigung für den Text. Jeder Bogen erhält den Vermerk *‚imprimatur'* (‚druckreif'), der gesamte Text wird mit Datum und Unterschrift des Verfassers versehen an den Verlag zurückgegeben. Dieser Text ist für Verlag und Verfasser die letztgültige Unterlage.

Auf den Umbruchbogen sind, abgesehen von Satzfehlern und Druckfehlerverbesserungen, keine größeren Textveränderungen mehr möglich. Bei einem im Zeilenmaschinensatz gesetzten Manuskript erfordert nämlich jede nachträgliche Änderung den Neusatz mindestens einer Zeile, oft sogar ganzer Absätze und verursacht so besonders hohe Korrekturkosten (zur finanziellen Haftung des Verfassers für von ihm selbst zu verantwortende Korrekturkosten nach erfolgtem Satz siehe auch S. 186).[1]

---

[1] Den *Satzanweisungen und Korrekturvorschriften* sind weitere detaillierte Angaben zu den einzelnen Korrekturgängen zu entnehmen.

Praktische Hinweise zum Korrekturlesen

Die Druckfahnen, die der Verfasser in zweifacher Ausfertigung vom Verlag erhält, muß er mit dem Manuskript vergleichen und Druckfehler, ebenso wie notwendige eigene Änderungen und Ergänzungen eindeutig kenntlich machen. Der Text sollte im ersten Durchgang sorgfältig auf typographische Fehler durchgesehen werden, wobei auch darauf geachtet werden muß, daß nicht verschiedene Schrifttypen im Satz gemischt wurden. Das Überprüfen des Textes auf sachlichen und logischen Zusammenhang erfordert wenigstens ein zweites gründliches Lesen. Der Text kann auch laut mit sämtlichen Satzzeichen vorgelesen werden, während ein Zuhörer mit dem Manuskript vergleicht.

Alle beanstandeten Stellen werden in der Fahne durch eines der im Normblatt DIN 16511 in der neuesten Ausgabe von 1966 festgelegten Korrekturzeichen kenntlich gemacht. Außer in dem unten erwähnten Duden-Taschenbuch, Bd. 5, sind die Korrekturzeichen im *Duden Rechtschreibung* abgedruckt. Das Normblatt empfiehlt, die Korrekturen farbig anzuzeichnen. Jedes Korrekturzeichen wird am rechten (breiteren) Rand wiederholt, rechts daneben wird deutlich lesbar die Änderung eingetragen. Auf den Fahnen darf weder zwischen den Zeilen geschrieben oder radiert noch dürfen Textpassagen überklebt werden.

Die Korrekturzeichen

Nachfolgend sind die in einer Gemeinschaftsarbeit zwischen der Dudenredaktion und dem Fachnormenausschuß Graphisches Gewerbe einheitlich festgelegten Korrekturvorschriften wiedergegeben.[1]

---

[1] Das Duden-Taschenbuch, Bd. 5, empfiehlt darüber hinaus Korrekturzeichen bei Exponenten und Indizes und nennt zusätzliche Korrekturzeichen, die neben DIN 16511 im graphischen Gewerbe üblich sind. In einem gesonderten Kapitel werden außerdem die in den wichtigen Sprachen gebräuchlichen ausländischen Korrekturzeichen den deutschen gegenübergestellt.

Korrekturvorschriften[1]

I. Hauptregel

Jedes eingezeichnete Korrekturzeichen ist auf dem Rand zu wiederholen. Die erforderliche Änderung ist rechts neben das wiederholte Korrekturzeichen zu ~~zeichn~~en, sofern dieses nicht (wie _⌐_ , ⊏⌐) für sich selbst spricht.

⊢───┤ *schreib*

II. Wichtigste Korrekturzeichen

1. **Andere Schrift** für Wörter oder Zeilen wird verlangt, indem man die betreffende Stelle unterstreicht und auf dem Rand die gewünschte Schriftart (fett, kursiv usw.) oder den gewünschten Schriftgrad (Korpus, Borgis, Petit usw.) oder beides (fette Petit, Borgis kursiv usw.) vermerkt. Gewünschte Kursivschrift wird oft nur durch eine Wellenlinie unter dem Wort und auf dem Rand bezeichnet.

__ *halbfett* ∟__ *kursi* __ *Borgis* __ *Borgis kursiv*

2. **Beschädigte Buchstaben** werden durchgestrichen und auf dem Rand einmal unterstrichen.

/R

3. **Fälschlich aus anderen Schriften gesetzte Buchstaben (Zwiebelfische)** werden durchgestrichen und auf dem Rand zweimal unterstrichen.

/R ⌐m

4. Um **verschmutzte** Buchstaben und **zu stark** erscheinende Stellen wird eine Linie gezogen. Dies Zeichen wird auf dem Rand wiederholt.

5. **Falsche Buchstaben** oder **Wörter** sowie **auf dem Kopf stehende Buchstaben** ⧉ **(Fliegenköpfe)** werden durchgestrichen und auf dem Rand durch die richtigen ersetzt. Dies gilt auch für quer stehende und umgedrehte Buchstaben. Kommen in einer Zeile mehrere Fehler vor, dann erhalten sie ihrer Reihenfolge nach verschie-

/a Ls ⌐h 7o ⌐e Fi

---

[1] In einer Gemeinschaftsarbeit zwischen der Dudenredaktion und dem Deutschen Normenausschuß sind einheitliche Korrekturvorschriften festgelegt worden, so daß auch die bisher bestehenden Widersprüche zwischen den Korrekturvorschriften des Dudens und des Normblattes DIN 16511 beseitigt sind.

dene Zeichen. Für ein und denselben falschen Buchstaben wird aber nur ein Korrekturzeichen verwendet, das am Rande mehrfach vor den richtigen Buchstaben gesetzt wird.

ΓΓΓ a

6. **Ligaturen** (zusammengegossene Buchstaben) werden verlangt, indem man die fälschlich einzeln nebeneinandergesetzten Buchstaben durchstreicht und auf dem Rand mit einem Bogen darunter wiederholt, z. B. Schiff.

Π ff

Fälschlich gesetzte Ligaturen werden durchgestrichen, auf dem Rand wiederholt und durch einen Strich getrennt, z. B. Auflage.

Π f/l

7. **Falsche Trennungen** werden am Zeilenschluß und folgenden Zeilenanfang gekennzeichnet.

| ol
7 ⌐ℒ

8. Wird nach **Streichung eines Bindestrichs** oder **Buchstabens** die Schreibung der verbleibenden Teile zweifelhaft, dann wird außer dem Tilgungszeichen die Zusammenschreibung durch einen Doppelbogen, die Getrenntschreibung durch das Zeichen Z angezeichnet, z. B. blendend weiß.

| ℒ ⌣
Γ ℒ ⌣
L ℒ Z

9. **Fehlende Buchstaben** werden angezeichnet, indem der vorangehende oder folgende Buchstabe durchgestrichen und zusammen mit dem fehlenden wiederholt wird. Es kann auch das ganze Wort oder die Silbe durchgestrichen und auf dem Rand berichtigt werden.

| he 7 Bu
⊢ Wort
⊢ stri

10. **Fehlende Wörter (Leichen)** werden in der Lücke durch Winkelzeichen ⌐ gemacht und auf dem Rand angegeben.

Γ kenntlich

Bei größeren Auslassungen wird auf die Manuskriptseite verwiesen. Die Stelle ist auf der Manuskriptseite zu kennzeichnen.

Diese Presse bestand aus befestigt war.

Γ ⌐ s. Ms. S. 85

11. **Überflüssige Buchstaben** oder **Wörter** werden durchgestrichen und auf dem Rand durch ℒ (für: deleatur, d. h. „es werde getilgt") angezeichnet.

| ℒ ⊢ ℒ

12. **Fehlende** oder **überflüssige** Satzzeichen werden wie fehlende oder überflüssige Buchstaben angezeichnet.

L ℒ
Γ t.

13. **Verstellte Buchstaben** werden durchgestrichen und auf dem Rand in der richtigen Reihenfolge angegeben.

Verstellte Wörter durch werden das Umstellungszeichen gekennzeichnet. Die Wörter werden bei größeren Umstellungen beziffert.

Verstellte Zahlen sind immer ganz durchzustreichen und in der richtigen Ziffernfolge auf den Rand zu schreiben, z. B. 1684

14. **Für unleserliche** oder **zweifelhafte Manuskriptstellen,** die noch nicht blockiert sind, wird vom Korrektor eine Blockade verlangt, z. B.

Hyladen sind Insekten mit unbeweglichem Prothorax (s. S. ...).

15. **Sperrung** oder **Aufhebung einer Sperrung** wird wie beim Verlangen einer anderen Schrift (vgl. S. 91, 1) durch Unterstreichung gekennzeichnet.

16. **Fehlender Wortzwischenraum** wird mit ⅂ bezeichnet. **Zu weiter Zwischenraum** wird durch ⌐ , zu enger Zwischenraum durch ⌐ angezeichnet. Soll ⌐ ein **Zwischenraum ganz wegfallen,** so wird dies durch zwei Bogen ohne Strich ⌣ ange⌣deutet.

17. **Spieße,** d.h. im Satz mitgedruckter Ausschluß, Durchschuß oder ebensolche Quadrate, werden unterstrichen und auf dem ▮ Rand durch ⧣ angezeigt.

18. **Nicht Linie haltende Stellen** werden durch über und unter der Zeile gezogene parallele Striche angezeichnet. **Fehlender Durchschuß** wird durch einen zwischen die Zeilen gezogenen Strich mit nach außen offenem Bogen angezeichnet. **Zu großer Durchschuß** wird durch einen zwischen die Zeilen gezogenen Strich mit einem nach innen offenen Bogen angezeichnet.

19. Ein **Absatz** wird durch das Zeichen ⌐ im Text und auf dem Rand verlangt:

Die ältesten Drucke sind so gleichmäßig schön ausgeführt, daß sie die schönste Handschrift übertreffen. Die älteste Druckerpresse scheint von der, die uns Jost Amman im Jahre 1568 im Bilde vorführt, nicht wesentlich verschieden gewesen zu sein.

20. Wegfall eines Absatzes verlangt man durch eine den Ausgang mit dem Einzug verbindende Linie:

> Die Presse bestand aus zwei Säulen, die durch ein Gesims verbunden waren. ⟩
> ⟨ In halber Manneshöhe war auf einem verschiebbaren Karren die Druckform befestigt.

21. Zu tilgender Einzug erhält das Zeichen ⊢———, z. B.

> Die Buchdruckerpresse ist eine Maschine, deren
> ⊢—kunstvollen Mechanismus nur der begreift, der
> selbst daran gearbeitet hat.

⊢———

22. Fehlender Einzug wird durch ⌐ möglichst genau bezeichnet, z. B. (wenn der Einzug um ein Geviert verlangt wird):

> ... über das Ende des 14. Jahrhunderts hinaus führt keine Art des Metalldruckes.
> ⌐Der Holzschnitt kommt in Druckwerken ebenfalls nicht vor dem 14. Jahrhundert vor.

⌐┘

23. Aus Versehen falsch Korrigiertes wird rückgängig gemacht, indem man die Korrektur ~~auf~~ dem Rand durchstreicht und Punkte unter die fälschlich korrigierte Stelle setzt. Ausradieren der Anzeichnung ist unzulässig.

⊢—*über*

III. Maschinensatzkorrektur

1. Neu zu setzende Zeilen: Sind bei Zeilenguß-Maschinensatz in einer Zeile mehrere schlechte Buchstaben, sogenannte „Kratzer", Buchstaben, die nicht Linie halten, oder andere Schäden, wodurch es nötig wird, die Zeile neu zu setzen, so wird an diese Zeile ein waagerechter Strich (——) gemacht.

———
———

2. Aussparen von Raum: Zur Kennzeichnung von unleserlichen Buchstaben oder Wörtern im Manuskript wird bei Maschinensatz oft freier Raum gelassen, weil die Blockade (vgl. S. 93, 14) hier technisch oft unmöglich ist. Besser ist es, auffällige Typen, z. B. ----?----, mmmm, zu verwenden. Noch deutlicher sind, besonders bei Zahlen, auffällige Blockaden in Form von ● oder ‖, die meistens als Matrizen vorhanden sind. Einfache Nullen können bei der Richtigstellung leicht übersehen werden.

3. Verstellte Zeilen werden mit waagerechten Rand-
strichen versehen und in der richtigen Reihenfolge
numeriert, z. B.

Sah ein Knab' ein Röslein stehn,————————————— 1
lief er schnell es nah zu sehn,——————————————— 4
war so jung und morgenschön,————————————————— 3
Röslein auf der Heiden,————————————————————— 2
sah's mit vielen Freuden.—————————————————— 5
Goethe—————————————————————————————————— 6

Funktion des Registers

Das Register erschließt ein Werk in einem seiner Textgliederung
gewissermaßen gegenläufigen Sinn. Handelt es sich – wie bei der
großen Mehrzahl wissenschaftlicher Arbeiten – um einen systematisch untergliederten Text, so stellt ein alphabetisch aufgebautes
Register dazu die beste Ergänzung dar. Handelt es sich hingegen
um eine alphabetisch aufgebaute Veröffentlichung, etwa mit enzyklo-
pädischem Charakter, so bietet sich ein systematisch aufgebautes
Register als sinnvolle Ergänzung an.

Der Regelfall ist offensichtlich das nach Schlag- oder Stichwörtern
einschließlich Namensformen (Personen- und Ortsnamen) aufgebaute, alphabetisch geordnete Namen- und Sachregister. Bisweilen rechtfertigen Umfang und Art eines Textes die Trennung von Namen-
und Sachregister, besser benutzbar ist jedoch ein Register, das beide
Formen zusammenfaßt.

Horst Kunze führt aus, was ein sorgfältig angelegtes Register leisten
kann. Es dient

...einmal der schnellen ersten Orientierung über bestimmte Personen, Orte und Gegenstände, die in einer wissenschaftlichen Arbeit
vermutet werden können. Zum anderen leistet es Hilfe beim Zurückgreifen auf früher benutzte Literatur, insbesondere bei der Zitat-
überprüfung. Schließlich ist es unentbehrlich, wenn ganz bestimmte
Einzelfragen (Sachbegriffe, Personen, Orte) anhand der einschlägigen Fachliteratur nachgeprüft werden müssen und dazu viel Material möglichst rasch durchzusehen ist.[1]

---

[1] Horst Kunze, *Über das Registermachen*, 2., verb. Aufl. (Leipzig:
Bibliogr. Inst., 1966), S. 8. Der vorliegende Abschnitt verdankt Kunze
wertvolle Anregungen.

194

In jedem Fall kann ein Register den Gebrauchswert einer längeren, zur Veröffentlichung bestimmten wissenschaftlichen Arbeit wesentlich erhöhen. Man sollte darum den Mehraufwand an Mühe und Kosten, den es ohne Frage verursacht, im Interesse einer besseren Texterschließung für den Leser nicht scheuen.

Auch ein sehr detailliertes Inhaltsverzeichnis kann im übrigen infolge seiner nach wie vor systematischen Gliederung die Funktion des alphabetischen Registers nicht ersetzen. Hier ist Ewald Standops Auffassung zu widersprechen: ,,Man pflegt keine Begriffe im Register zu wiederholen, die bereits durch das Inhaltsverzeichnis aufgeschlüsselt sind".[1] Dies würde ein lästiges Hin- und Herblättern zwischen zwei der Funktion nach durchaus unterschiedlichen Erschließungsformen des Textes zur Folge haben, von denen gerade die durch das Register – ungeachtet möglicher Doppelungen – möglichst erschöpfend sein sollte.

Die Erstellung eines Schlagwortregisters läßt sich schlecht delegieren. Im allgemeinen ist nur der Verfasser selbst so mit dem Text vertraut, daß er ihn durch angemessene Wahl der Schlagwörter thematisch optimal erschließen und z. B. zwischen zentralen und nur peripheren, die Erfassung nicht lohnenden Aspekten des Textes unterscheiden kann. Einfacher, weil weitgehend mechanisch, ist das Erstellen eines Namen- oder auch eines Stichwortregisters (zur Unterscheidung von Schlag- und Stichwort siehe S. 55).

Das Erstellen des Registers

Als formales Hilfsmittel zur Erschließung eines wissenschaftlichen Textes steht das Register zur besseren Benutzbarkeit immer am Ende einer Publikation hinter allen sonstigen Anhängen (Tafeln, Literaturverzeichnis o. ä.). Da es sich meist auf Seitenzahlen im Text bezieht, kann die Erarbeitung des Registers erst abgeschlossen werden, nachdem dem Verfasser die Umbruchbogen mit der endgültigen Paginierung vorliegen. Ist das Werk jedoch durch kurze und übersichtliche Abschnitte gegliedert, die dem späteren Benutzer umständliches Suchen im laufenden Text ersparen, kann mit der Arbeit am Register sofort nach der Niederschrift jedes Abschnittes oder Kapitels begonnen werden.

---

[1] *Die Form der wissenschaftlichen Arbeit*, S. 40.

Nach Kunze vollzieht sich die Arbeit am Register in fünf Arbeitsschritten[1]:

a) Vorbereitung der Registerarbeit

Die wichtigsten Begriffe und Namen werden im Umbruchbogen fortlaufend mit farbigem Stift (für getrennte Register werden verschiedene Farben benutzt) unterstrichen; fehlende Schlagwörter müssen gebildet, an den Rand geschrieben und ebenfalls farbig hervorgehoben werden; auch hier zeigt sich die Notwendigkeit einer engen Vertrautheit des Bearbeiters mit dem Inhalt des Werkes.

b) Verzetteln

Die farbig markierten Begriffe werden mit Angabe der genauen und vollständigen Seiten- oder Abschnittszahl nacheinander auf einzelne Zettel übertragen; für jedes Wort verwendet man einen Zettel. Es werden zunächst alle markierten Begriffe aufgenommen, unabhängig davon, ob sie nur einmal oder häufiger vorkommen. Auch zusätzliche Definitionen, die späteren Unterschlagwörter, werden auf den einzelnen Zetteln vermerkt.

c) Alphabetische Vorordnung

Die Zettel werden nun nach dem Alphabet ihrer Hauptschlagwörter zunächst grob geordnet (zur alphabetischen Ordnung siehe S. 171–175).

d) Feinordnen und Redigieren

Die Zettel mit identischen Schlagwörtern ordnet man nun nach der aufsteigenden Folge der Seitenzahlen und überträgt die Seitenzahlen auf einen Zettel. Gleichzeitig werden Zettel mit identischen Begriffen, aber unterschiedlichen Unterschlagwörtern nach der alphabetischen Reihenfolge der Unterschlagwörter geordnet, z. B.

> Register, 17–18
> Chronologische, 19
> Stellung im Buch, 39–40

Ein gutes Register bildet bei identischen Begriffen ausreichend Unterschlagwörter, um den Benutzer schnell an die gewünschte Information heranzuführen. Häufen sich unter einem Begriff bei diesem Arbeitsschritt die Seitenzahlen, so müssen also spätestens

---

[1] *Über das Registermachen*, S. 23–26.

hier Unterschlagwörter gebildet werden. Sind Hautschlagwort und Unterschlagwort identisch, ordnet man diese Zettel in der aufsteigenden Folge der auf ihnen verzeichneten Seitenzahlen und überträgt sie auf einen Zettel. Da auch alle Synonyme im Register an einer Stelle stehen sollen, muß das Register mit Verweisungen arbeiten.

e) Numerierung der Zettel

Die Zettel werden durchnumeriert oder so geklammert, daß sie nicht durcheinandergeraten können. In dieser Form können sie nach Absprache auch der Druckerei eingereicht werden. Wenn die Druckerei es ausdrücklich fordert, muß allerdings eine Reinschrift hergestellt werden.

Typographische Gestaltung des Registers

Auch die gute typographische Gestaltung des Registers im Satz erhöht den Gebrauchswert eines Werkes. Kostensparender Druck und Übersichtlichkeit eines Registers dürfen sich keinesfalls ausschließen. Schon die Wahl eines zu kleinen Schriftgrades für das Register kann seine Brauchbarkeit erheblich vermindern, zumal umfangreichere Register doppelspaltig gedruckt werden. Auch ein Zuviel an Auszeichnungen, z. B. Hervorhebung der Unterschlagwörter durch Kursivdruck u. a., kann die Übersichtlichkeit gefährden.

Es verbessert die Übersichtlichkeit des Registers, wenn die Unterschlagwörter jeweils um drei Anschläge nach rechts eingerückt werden. Jedes Unterschlagwort erscheint auf einer gesonderten Zeile; Schlagwort und folgende Seitenzahl werden durch ein Komma voneinander getrennt; bei Angabe mehrerer Seitenzahlen steht ebenfalls ein Komma:[1]

---

[1] Die Beispiele sind dem Register von Kunze, *Über das Registermachen*, S. 64 entnommen und entsprechend umgestaltet.

Um Platz zu sparen, können die Unterschlagwörter auch um drei Anschläge nach rechts eingerückt und fortlaufend gedruckt werden. Die einzelnen Unterschlagwörter mit ihren dazugehörigen Seitenzahlen werden dann durch Semikolon voneinander abgesetzt:

BIBLIOGRAPHIE[1]

Anglo-American Cataloguing Rules. Prep. by the American Library Association. Chicago: ALA, 1967. 400 S.

Breuer, Rolf und Rainer Schöwerling. *Studium der Anglistik: Technik und Inhalte.* München: Beck, 1974. 281 S.

Duden: Rechtschreibung der deutschen Sprache und der Fremdwörter. 17., neu bearb. u. erw. Aufl. Mannheim: Bibliogr. Inst., 1973. 793 S. (Der Große Duden, Bd. 1.)

Fromm, Friedrich und Wilhelm Nordemann. *Urheberrecht: Kommentar zum Urheberrechtsgesetz und zum Wahrnehmungsgesetz mit den internationalen Abkommen und den Urheberrechtsgesetzen der DDR, Österreichs und der Schweiz.* 3., überarb. Aufl. Stuttgart: Kohlhammer, 1973. 601 S.

Heyde, Johannes Erich. *Technik des wissenschaftlichen Arbeitens.* 10., durchges. Aufl. Berlin: Kiepert, 1970.

Instruktionen für die alphabetischen Kataloge der preußischen Bibliotheken vom 10. Mai 1899, 2. Ausg. i. d. Fassung vom 10. Aug. 1908. Zuletzt als unveränd. Nachdr. u. d. T. *Regeln für die alphabetische Katalogisierung in wissenschaftlichen Bibliotheken.* 5., durchges. photomechan. Nachdr. Leipzig: Bibliogr. Inst., 1970. X, 179 S.

Koch, Walter. *Die Doktorarbeit.* 6. erw. Aufl. München: Hueber, 1966. 92 S.

Kröber, Walter. *Kunst und Technik der geistigen Arbeit.* 7., durchges. Aufl. Heidelberg: Quelle u. Meyer, 1971.

Kunze, Horst. *Über das Registermachen.* 2., verb. Aufl. Leipzig: Bibliogr. Inst., 1966. 64 S.

Kurzfassung der Regeln für die alphabetische Katalogisierung (KRAK). Vorabdruck. Berlin: Weinert, 1976. 63 S. (Materialien zur Katalogisierung, 5.)

Lexikon des Bibliothekswesens. Hg. Horst Kunze und Gotthard Rückl. 2., neu bearb. Aufl. Leipzig: Verl. f. Buch- u. Bibliothekswesen, 1974–75.

The MLA Style Sheet. 2nd ed. New York: Modern Language Ass. of America, 1970. 48 S.

Ott, Ernst. *Optimales Lesen: Schneller lesen – mehr behalten.* Stuttgart: Deutsche Verlags-Anstalt, 1970.

Satzanweisungen und Korrekturvorschriften. 3. Aufl. Mannheim: Bibliogr. Inst., 1973. 203 S. (Duden-Taschenbücher, Bd. 5.)

Schön, Willi. *Schaubildtechnik: Die Möglichkeiten bildlicher Darstellung von Zahlen- und Sachbeziehungen.* Stuttgart: Poeschel, 1969.

---

[1] Die Bibliographie umfaßt alle in den Fußnoten zitierten Werke.

Spandl, Oskar Peter. *Die Organisation der wissenschaftlichen Arbeit: Studienbuch für Studenten aller Fachrichtungen ab 1. Semester.* Reinbek: Rowohlt, 1974.

Standop, Ewald. *Die Form der wissenschaftlichen Arbeit.* 6., durchges. Aufl. Heidelberg: Quelle u. Meyer, 1975. 160 S. (Uni-Taschenbücher, 272.)

Studium und wissenschaftliches Arbeiten: Eine Anleitung. Von Martin Greschat, Klaus Haendler, Claus Rietzschel [u. a.]. 2. Aufl. Gütersloh: Gütersloher Verlagshaus, 1970. 175 S.

Terminologie der Information und Dokumentation. Hg. Komitee Terminologie und Sprachfragen (KIS) der DGD. München: Verlag Dokumentation, 1975.

Werlin, Josef. *Wörterbuch der Abkürzungen: 35 000 Abkürzungen und was sie bedeuten.* Mannheim: Bibliogr. Inst., 1971. 260 S. (Duden-Taschenbücher, Bd. 11.)

Werneck, Tom und Frank Ullmann. *Dynamisches Lesen.* 5. Aufl. München: Heyne, 1974.

Zielke, Wolfgang. *Besser, schneller, rationeller lesen: Techniken des effektiven Lesens.* München: Moderne Industrie, 1973.

DIN-NORMEN

Die folgende Zusammenstellung gibt einen Überblick über die im Text erwähnten DIN-Normen.[1]

DIN	Ausgabe-Datum		Bezeichnung
5	12.70	Bl. 1	Zeichnungen; Axonometrische Projektionen, Isometrische Projektion
		Bl. 2	Zeichnungen; Axonometrische Projektionen, Dimetrische Projektion
6	3.68		Darstellungen in Zeichnungen; Ansichten, Schnitte, besondere Darstellungen
16	12.67	Bl. 1	Schräge Normschrift für Zeichnungen; Allgemeines, Schriftgrößen
		Bl. 2	Schräge Normschrift für Zeichnungen; Mittelschrift
		Bl. 3	Schräge Normschrift für Zeichnungen; Engschrift
17	12.67	Bl. 1	Senkrechte Normschrift f. Zeichnungen; Allgemeines, Schriftgrößen
		Bl. 2	Senkrechte Normschrift f. Zeichnungen; Mittelschrift
		Bl. 3	Senkrechte Normschrift f. Zeichnungen; Engschrift
34	Entwurf v. März 1974		Urheberschutzvermerk
201	2.53		Zeichnungen; Schraffuren und Farben zur Kennzeichnung von Werkstoffen
406	Vornorm v. 10.70	Bl. 1	Maßeintragung in Zeichnungen; Arten
	6.68	Bl. 2	Maßeintragung in Zeichnungen; Regeln

---

[1] Die Angaben sind dem neuesten, z. Z. vorliegenden *Verzeichnis der Normen und Norm-Entwürfe 1976*, hg. DIN Deutsches Inst. f. Normung e. V. (Berlin: Beuth, 1976), 768 S., entnommen.

DIN	Ausgabe-Datum		Bezeichnung
	7.75	T. 3	Maßeintragung in Zeichnungen; Bemaßung durch Koordinaten
461	3.73		Graphische Darstellung in Koordinatensystemen
474	1.53		Zeichnungen; Zeichnungen (Bilder) für Druckzwecke, Zeichnungen zur Herstellung von Druckplatten und Druckstöcken
1302	2.68		Mathematische Zeichen
1303	8.59		Schreibweise von Tensoren (Vektoren)
1304	11.71		Allgemeine Formelzeichen
1313	9.62		Schreibweise physikalischer Gleichungen in Naturwissenschaft und Technik
	Entwurf v. 11.74	Bl. 1	Physikalische Größen; Begriffe
	Entwurf v. 11.74	Bl. 2	Physikalische Größen; Größensysteme, Einheitensysteme
	Entwurf v. 11.74	Bl. 3	Physikalische Größen; Physikalische Gleichungen; Begriffe, Schreibweisen
	Entwurf v. 11.73	Bl. 10	Schreibweisen physikalischer Gleichungen in Naturwissenschaft und Technik; Dimension einer physikalischen Größe, Begriffe, Schreibweisen, Ergänzungen zu DIN 1313
1338	2.72		Buchstaben, Ziffern und Zeichen im Formelsatz
	5.68	Bbl. 1	Buchstaben, Ziffern und Zeichen im Formelsatz; Form der Schriftzeichen
	5.68	Bbl. 2	Buchstaben, Ziffern und Zeichen im Formelsatz; Ausschluß in Formeln
1421	6.75	T. 1	Benummerung von Texten; Abschnittsbenummerung
	7.75	T. 2	Benummerung von Texten; Absatzbenummerung
1422	8.52		Technisch-wissenschaftliche Veröffentlichungen; Richtlinien für die Gestaltung

DIN	Ausgabe-Datum		Bezeichnung
1426	11.73		Inhaltsangaben in Information und Dokumentation
1429	8.75		Titelblätter und Einbandbeschriftung von Büchern
1460	10.62		Transliteration slawischer kyrillischer Buchstaben
1502	12.75		Kürzung der Titel von Zeitschriften und ähnlichen Veröffentlichungen; Regeln
	12.75	Bbl. 1	Kürzung der Titel von Zeitschriften und ähnlichen Veröffentlichungen; Abkürzungen von Wörtern aus Sprachen mit lateinischen und kyrillischen Schriftzeichen
5008	11.75		Regeln für Maschineschreiben
5478	10.73		Maßstäbe in graphischen Darstellungen
16511	1.66		Korrekturzeichen
55301	6.57		Gestaltung statistischer Tabellen

SACHREGISTER

Das Sachregister verzichtet bewußt auf generelle Feinerschließung. Es soll bei der Benutzung dieses Buches die wichtigsten Begriffe für die praktische Arbeit nachweisen. Ergänzend steht das detaillierte, systematisch angelegte Inhaltsverzeichnis zur Verfügung.